군사시설법
軍事施設法

군사시설법
軍事施設法

지은이 김권일
발행일 2021년 2월 22일 **발행인** 이진숙
펴낸곳 충남대학교출판문화원 **주소** 대전광역시 유성구 대학로 99
전화 042-821-6045 **홈페이지** http://www.cnupress.co.kr **E-mail** cnupress@cnu.ac.kr

ISBN 979-11-6503-113-8 93360
정가 20,000원

군사시설법
軍事施設法

김권일

충남대학교출판문화원

머리말

국방 · 군사행정은 인적 · 물적 규모로 보았을 때, 행정 분야에서 상당히 큰 비중을 차지하고 있다. 그 중 군사시설은 군사행정 중에서 국민들의 생활과 밀접한 관련을 가지고 있으며, 국민들의 커다란 관심의 대상이 되고 있다.

군사시설은 국토의 방위와 국가의 안전 보장을 위하여 건설 · 운영되고 있다. 그런데 군사시설의 건설과 운영을 둘러싸고, 여러 가지 갈등이 발생하고 있다. 국가안전보장은 중요한 국가 목표 중의 하나이고, 이를 위하여 국민의 기본권은 본질적인 내용을 침해하지 아니한 범위에서 제한될 수 있다. 특히 군사시설의 공공성이 크다면 개인의 기본권 제한에 대한 수인의무도 높아질 것이다. 군사시설의 건설과 운영에 있어서 개인의 기본권 및 재산권에 대한 제한 내지는 침해가 문제될 수 있는바, 국가안전보장과 국민의 기본권(주로 재산권) 보장이라는 두 가지의 가치에 대한 조화로운 법해석이 필요하다.

군사시설 건설과 운영에서 법적인 분쟁이 계속되고 있는데, 우선 군사시설의 건설을 둘러싼 문제로 2009년 제주해군기지 관련 소송이 있다. 그리고 2016년 사드(THAAD; Terminal High Altitude Area Defense missile, 고고도 미사일 방어 체계) 배치 문제까지 군사시설 건설에 대하여 전 국민의 관심을 불러일으키는 중대한 사건이 계속되고 있다. 그 외에 2013년 제정된「군 공항 이전 및 지원에 관한 특별법」에 따라 추진되는 군 공항 이전을 둘러싼 분쟁도 발생하고 있고, 아직 부지 선정 등이 이루어지지 아니한 상황에서 이에 따른 분쟁도 계속되고 있다.

군사시설 운영에 있어, 군사시설 보호를 위하여 설정한 군사기지 및 군사시설 보호구역으로 인하여 국민의 재산권이 제한되고 있는 문제와 군사시설 운영에 따른 소음 문제가 있다. 소음문제의 경우 군 공항 인근 주민의 소음피해에 따른 손해배상청구가 여전히 끊이지 않는다.

군사시설의 건설과 운영에 따라 발생하고 있는 분쟁에 대하여 이를 예방하고 해결하는 것은, 사전적으로 명확한 법 규정을 통한 예측가능성 확보와 올바른 법의 해석과 그에 따른 집행이다. 그리고 분쟁이 발생하면 사후적으로는 사법부의 판결 등의 구제절차를 통하여 해결하는 것이야 말로 법치주의 이념에 부합하는 것이라 할 수 있다.

법의 예측가능성 확보와 법의 체계적인 해석을 통한 집행을 위하여 군사시설에 대한 법률에서 규정한 법적 개념이나 그에 따른 절차의 법적 성격 등의 법리를 검토하는 것이 필요하다. 그러나 군사시설 건설과 관련된 분쟁에 초점을 맞춘 법적 연구는 그동안 많은 관심을 받지 못하였다. 군사시설 보호에 대한 법적 연구는 지속적으로 나오고 있지만, 군사시설 건설에 관한 법적 연구는 매우 드물게 이루어지고 있기 때문이다. 그러므로 군사시설 건설에 대한 법적 검토, 군사시설 보호 등 운영에 대한 법리의 정리, 더 나아가 군사시설 건설과 운영 법제의 체계성을 확보하고, 연계하는 것에 대한 논의가 필요하다.

따라서 이 책에서는 군사시설 건설과 운영에 대한 법적 쟁점을 분석하고 검토할 필요성이 있다는 점에 착안하여, 현재까지의 학술적 논의를 분석하고, 법리적 검토를 수행하였다.

본서는 필자의 2018년 충남대학교 박사학위논문인 "軍事施設 建設과 運營에 관한 公法的 研究"를 수정 · 보완한 것이다. 이미 박사학위논문의 일부를 부경대 지방분권발전연구소의 『지역과 정치』 제2집제1호에 "군 공항 이전부지 선정 갈등의 법적 검토"로 2019년 6월 게재하였고, 한국토지공법학회의 『토지공법연구』 제87집에 "군사시설 계획 및 건설에 대한 법적 검토"라는 제목으로 2019년 8월 발표하였지만 학술지의 특성상 독자층이 좁고, 분량도 제한되어 이렇게 책으로 출간하게 되었다.

박사학위논문 발표 이후 군사시설법의 큰 변화라고 한다면, 2019년

11월 26일 「군용비행장 · 군사격장 소음 방지 및 피해 보상에 관한 법률」이 제정된 것이다. 따라서 본서에서 이 법률에 대한 분석을 수행하여 이전의 연구를 보완하였다.

또한 편제도 과감하게 변경하여, 현행 군사시설법에 대한 분석을 중심으로 구성하였고, 법제의 개선방안 등은 뒤로 미루었다. 논문을 찾는 독자의 경우에는 개선방안이 주된 관심사이지만, 이 책을 찾는 독자의 입장에서는 개선방안보다 현행 군사시설법에 관심이 더 많을 것이라 생각했기 때문이다.

기회가 주어진다면, 법령의 변화와 새로운 연구결과를 담아 지속적으로 보완할 생각이다. 모쪼록 독자들에게 도움이 되었으면 한다.

2020. 12.

저 자

목차

제1장
군사시설의 법적 개념

제1장 군사시설의 법적 개념

제1절 군사시설의 헌법적 의미

Ⅰ. 군사시설과 국가안전보장

1. 국가안전보장

국가안전보장은 "국가의 존립 · 헌법의 기본질서의 유지 등을 포함하는 개념으로서 결국 국가의 독립, 영토의 보전, 헌법과 법률의 기능, 헌법에 의하여 설치된 국가기관의 유지 등의 의미"를 갖는다.[1] 국가의

1 김학성, 헌법학원론, 전정2판, 피앤씨미디어, 2018, 378면; 성낙인, 헌법학, 제18판, 법문사, 2018, 982면; 이상철, 국방행정법원론, 도서출판 봉명, 2008, 41면; 헌법재판소 1992. 2. 25. 선고 89헌가104 전원재판부 결정.

안전 보장이 국가목표 중 하나라는 점은 당연한 것이고, 국가안전보장을 위하여 개인의 기본권도 제한될 수 있다.[2] 이에 대하여 우리 헌법에서는 "국민의 모든 자유와 권리는 국가안전보장·질서유지 또는 공공복리를 위하여 필요한 경우에 한하여 법률로써 제한할 수 있으며, 제한하는 경우에도 자유와 권리의 본질적인 내용을 침해할 수 없다."라고 규정하고 있다(헌법 제37조제2항). 헌법재판소는 이로부터 자유권적 기본권의 제한의 한계로서 과잉금지의 원칙을 도출하고 있는바, 과잉금지의 원칙이란 "국가작용의 한계를 명시하는 것인데 목적의 정당성, 방법의 적정성, 피해의 최소성, 법익의 균형성(보호하려는 공익이 침해되는 사익보다 더 커야 한다는 것으로서 그래야만 수인(受忍)의 기대가능성이 있다는 것)을 의미하는 것으로서 그 어느 하나에라도 저촉되면 위헌이 된다는 헌법상의 원칙"을 말한다.[3]

과잉금지원칙 중에서 목적의 정당성은 기본권 제한의 목적이 국가안전보장, 질서유지, 공공복리에 해당되는지 여부이다. 이들 국가안전보장, 질서유지, 공공복리라는 목적에 대하여, 이를 열거로 보는 견해와 예시로 보는 견해로 의견이 대립된다.[4] 그러나 열거인지 예시인지 구별할 실익은 크지 않다고 본다. 이는 입법자가 제정하는 법률의 목적이 국가안전보장, 질서유지, 공공복리 중에서 어느 하나에 해당되지

2 홍정선, 행정법원론(하), 제28판, 박영사, 2020. 옆번호 2855.

3 헌법재판소 1989. 12. 22. 선고 88헌가13 전원재판부 결정.

4 김대환, "헌법 제37조", 헌법주석서 II, 제2판, 법제처, 2010, 각주 64 438면에서 헌법재판소는 예시적으로 본다고 한다. 그 근거로 헌법재판소 1996. 12. 26. 선고 96헌가18 결정을 들고 있다. 이 결정에서 헌법재판소는 "경제적 기본권의 제한을 정당화하는 공익이 헌법에 명시적으로 규정된 목표에만 제한되는 것은 아니고, 헌법은 단지 국가가 실현하려고 의도하는 전형적인 경제목표를 예시적으로 구체화하고 있을 뿐이므로 기본권의 침해를 정당화할 수 있는 모든 공익을 아울러 고려하여 법률의 합헌성 여부를 심사하여야 한다."라고 설시하고 있다.

않기가 힘들기 때문이고, 위헌심사에서 과잉금지원칙의 위배 여부를 살펴볼 때에 목적의 정당성이 인정되지 못하는 경우는 매우 드물기 때문이다.[5] 다만, 목적 상호 간의 의미 있는 관계를 파악하여 궁극적으로 헌법이 추구하는 정당한 목적이 무엇인지를 알아보기 위하여 국가안전보장, 질서유지, 공공복리를 구별할 가치가 있다고 할 것이다.[6]

국가안전보장은 특히 질서유지와의 구별이 문제된다. 우선 질서유지의 개념에 대하여 자유민주적 기본질서를 포함하는 헌법적 질서는 물론이고 그 밖의 사회적 안녕질서를 말한다는 견해,[7] 사회공공의 안녕질서의 유지라는 견해,[8] 타인의 권리유지, 도덕질서유지, 사회의 공공질서유지 등이 포함되는 것으로 보는 견해,[9] 공동체가 존속 및 유지하고 그 공동체 속에서 구성원들이 평화롭고 안전하게 살 수 있도록 하는 질서를 유지하는 것이라는 견해[10] 등이 있으나 큰 차이가 있다고 보기는 어렵다.[11]

국가안전보장과의 관계에 대하여 질서유지는 국가안전보장을 포함하는 넓은 개념으로 보는데, 이는 질서유지에 대한 모든 위협이 국가안전보장에 대한 위협은 아니기 때문이다.[12] 반면 질서유지가 국가안

---

5 김대환, "헌법 제37조", 헌법주석서 II, 제2판, 법제처, 2010, 438면; 한수웅, 헌법학, 제8판, 법문사, 2018, 488면; 예외적으로 헌법재판소 1997. 7. 16. 선고 95헌가6 결정 등이 있다.

6 김대환, "헌법 제37조", 헌법주석서 II, 제2판, 법제처, 2010, 438-439면.

7 권영성, 헌법학원론, 법문사, 2010, 349면; 김대환, "헌법 제37조", 헌법주석서 II, 제2판, 법제처, 2010, 439-440면.

8 성낙인, 헌법학, 제18판, 법문사, 2018, 982면.

9 김철수, 헌법학신론, 제21전정신판, 박영사, 2013, 432면.

10 정종섭, 헌법학원론, 제11판, 박영사, 2016, 305면; 김대환, "헌법 제37조", 헌법주석서 II, 제2판, 법제처, 2010, 439-440면.

11 김대환, "헌법 제37조", 헌법주석서 II, 제2판, 법제처, 2010, 439-440면.

12 김대환, "헌법 제37조", 헌법주석서 II, 제2판, 법제처, 2010, 438-439면.

전보장을 포함하는 개념이라고 해석하는 것보다 질서유지는 국가안전보장을 제외한 질서의 유지를 의미한다고 보는 것이 국가안전보장과 질서유지를 구분하여 규정한 취지에 부합한다는 견해도 있다.[13] 다른 견해로 국가안전보장과 좁은 의미의 질서유지를 합하여 넓은 의미의 질서유지를 의미한다고 보는 견해가 있다.[14]

일반적으로 공공복리라는 개념은 매우 다의적이고, 불확정적이며, 포괄적인 의미를 내포하고 있는 것으로 일반적으로 이해된다.[15] 헌법재판소는 "헌법 제119조 이하의 경제에 관한 장에서 규정하고 있는 균형 있는 국민경제의 성장과 안정, 적정한 소득의 분배, 시장의 지배와 경제력 남용의 방지, 경제주체 간의 조화를 통한 경제의 민주화, 균형 있는 지역경제의 육성, 중소기업의 보호육성, 소비자보호 등"을 공공복리가 구체화되어 규정된 예로 제시하고 있다.[16]

그런데 국가안전보장과 질서유지, 질서유지와 공공복리는 기본권 제한의 목적으로 서로 중첩적일 수 있기 때문에 구분이나 가치의 우열을 따지기는 어렵다고 본다.[17]

2. 군사시설과 국가안전보장

우리나라는 헌법제정 당시부터 지금까지 특유의 안보 상황에 놓여

---

13 성낙인, 헌법학, 제18판, 법문사, 2018, 982면.

14 성낙인, 헌법학, 제18판, 법문사, 2018, 982면.

15 김대환, "헌법 제37조", 헌법주석서 II, 제2판, 법제처, 2010, 440면; 성낙인, 헌법학, 제18판, 법문사, 2018, 982면; 헌법재판소 2000. 2. 24. 선고 98헌바37 결정.

16 김대환, "헌법 제37조", 헌법주석서 II, 제2판, 법제처, 2010, 440면; 성낙인, 헌법학, 제18판, 법문사, 2018, 983면; 헌법재판소 1996. 12. 26. 선고 98헌가18 결정.

17 성낙인, 헌법학, 제18판, 법문사, 2018, 983-984면.

있다.[18] 이러한 안보 상황에서 국군은 국가의 안전보장과 국토방위의 신성한 의무를 수행하는 것을 사명으로 하고 있고(헌법 제5조제2항), 국군의 사명을 수행하기 위하여 국가안전보장의 물적 기반인 군사시설을 건설 · 운영하고 있다.

군사시설로 인한 기본권 제한은 일반적으로 국가안전보장을 위한 목적에서 가능할 것이다. 다만, 군사시설로 인한 기본권 제한이 국가안전보장의 정당한 목적으로 이루어진다고 하더라도 과잉금지의 원칙에 따라 국가안전보장을 위한 군사시설의 건설과 운영이라는 목적을 위한 그 수단이 적절하여야 하며, 그로 인한 기본권 제한이 최소 범위에서 그쳐야 할 것이다. 마지막으로 군사시설의 건설과 운영으로 달성하는 공익이 권리를 제한 받는 국민의 사익보다 커야 할 것이다. 여기에서 말하는 공익은 군사시설의 공공성이라 할 것이고, 군사시설의 공공성이 제한되는 사익보다 큰 경우, 개인은 사적 제한에 대하여 수인하여야 할 것이다.

18 헌법재판소는 "우리에겐 남한만이라도 독립된 민주국가를 세울 수밖에 없었던 헌법제정 당시의 특수한 상황이 있었고, 또 동족 간에 전면전을 했던 6 · 25전쟁의 생생한 기억과 더불어 휴전상태 이후 좌우의 극심한 이념대립 속에서 군비경쟁을 통하여 축적한 막강한 군사력을 바탕으로 아직까지도 남북이 적대적 대치상태에 있는 세계 유일의 분단국인 사정도 있다. 세계적으로 냉전시대가 막을 내리고 국가적 실리에 따라 다자간의 협력시대로 나아가고 있는 지금에도, 국방 · 안보 · 북한문제에 관하여 국민들 사이에서 이념적 대립이 극심할 뿐만 아니라, 북한의 핵무기 개발, 미사일 발사 등으로 초래되는 한반도의 위기상황은 미국, 중국, 일본을 비롯한 주변국들의 외교 · 안보적 상황에도 큰 영향을 미치고 있으며, 특히 최근 각종의 무력 도발에서 보는 바와 같이 북한의 군사적 위협은 이제 간접적 · 잠재적인 것이 아니라 직접적 · 현실적인 것이 되고 있는 상황이다."라고 설시하였다(헌법재판소 2011. 8. 30. 선고 2008헌가22 전원재판부 결정).

Ⅱ. 군사시설과 재산권 보장

1. 헌법상 재산권 보장

우리 헌법 제23조제1항에서는 "모든 국민의 재산권은 보장되고 그 내용과 한계는 법률로 정한다."라고 하여 재산권을 국민의 기본적 권리로 보장하되, 재산권의 구체적인 모습은 법률에 따라 그 내용과 한계를 정하도록 하고 있다. 이 조항은 입법자가 법률의 규정으로 재산적 가치 있는 것의 내용을 규정하도록 하는 것으로 재산권 내용에 대한 확정 규정이다.[19] 다만, 헌법 제23조제2항에서는 "재산권의 행사는 공공복리에 적합하도록 하여야 한다."라고 하여 재산권의 사회적 구속성 내지 재산권의 사회적 제약을 규정하고 있다. 이는 헌법적 의무인 동시에 재산권의 내재적 한계로서의 의미도 갖는다.[20]

헌법 제23조제3항에서는 "공공필요에 의한 재산권의 수용·사용 또는 제한 및 그에 대한 보상은 법률로써 하되 정당한 보상을 지급하여야 한다."라고 규정하고 있다. 이를 분설하면, '공공필요에 의한 재산권의 수용·사용·제한'과 '그에 대한 보상은 법률'로 하도록 되어 있는 것이다. '재산권의 수용·사용·제한'에 대하여 '재산권에 대한 공용침해' 또는 '공용침해'라고 부르기도 한다.[21]

---

19 김해룡, "손실보상의 사유로서의 재산권 내용규정에 관한 고찰", 토지공법연구 제72집, 한국토지공법학회, 2015, 41면; 허영, 한국헌법론, 전정14판, 박영사, 2018, 525-526면; 홍정선, 행정법원론(상), 제28판, 박영사, 2020, 옆번호 2117.

20 이원우, "군사시설 보호구역에 의한 재산권 제한과 피해구제방안", 법학논총 제19집, 한양대학교 법학연구소, 2002, 10면; 허영, 한국헌법론, 전정14판, 박영사, 2018, 526-527면.

21 김남진·김연태, 행정법 I, 제24판, 법문사, 2020, 676면.

2. 군사시설과 재산권 보장

군사시설을 건설하거나 운영함에 있어서 입법자는 법률로 재산권의 내용과 한계를 정할 수 있고, 군사적 필요에 따른 재산권의 수용 · 사용 · 제한을 할 수 있다. 만일 재산권의 수용 · 사용 · 제한이 있다면 그 보상의 근거를 법률에 두고 정당한 보상을 지급하여야 할 것이다.

군사시설로 인한 재산권의 수용 · 사용 · 제한은 헌법 제39조에서 규정한 국방의 의무와 관계된다. 국방의 의무는 국토방위를 위해서 불가피한 군 작전 명령에 복종하고 협력해야 하는 의무를 포함하는바, 군사 작전상 불가피한 재산권의 수용 · 사용 · 제한은 물론이고, 거주 · 이전의 제한 등 기본권 제한의 경우도 국민의 국방의무와 불가분의 관계에 있다고 볼 수 있기 때문이다.[22] 그렇다고 한다면 위헌심사에 있어 법익의 균형성을 검토할 때, 일반 국민의 수인의무가 다른 경우보다 크다고 볼 수 있다.

Ⅲ. 군사시설의 공공성

군사시설은 국토방위와 국가안전보장을 목적으로 건설 · 운영되고 있는 시설인바, 공공성을 가지고 있음은 당연하다. 다만 이러한 공공성이 일반적인 공공성과 다른 특수한 공공적 성격을 가지고 있는지에 대한 의견이 나뉘고 있다.

---

22 허영, 한국헌법론, 전정14판, 박영사, 2018, 666면; 헌법재판소 2002. 11. 28. 선고 2002헌바45 결정.

먼저 일반행정보다 군사행정이 더 큰 공공성을 가진다는 견해가 있다. 이 견해는 군사 활동이 여러 제약으로 인하여 보장되지 아니할 경우에는 국가의 안전보장을 담보할 수 없기 때문에 군사적 활동에 대한 물적 기초를 제공하는 군사시설도 군사적 활동에 기초하여 공공성을 인정하는 것이 필요하다고 보고, 군사시설의 설치 및 운용에 대한 사항은 일반행정의 범주보다는 폭넓은 영역에서 재량의 범위와 내용을 인정하는 것이 필요하다고 한다.[23]

반면에 군사행정도 국가행정의 일부이기 때문에 다른 부문보다 더 우월한 공공성을 인정할 수 없다는 견해도 있다.[24] 우선, 이 견해는 어

23 박영도 · 강현철 · 김명용 · 최환용, 「국방 · 군사시설 기본법」 제정 연구, 국방부 연구용역보고서, 한국법제연구원, 2007, 21면. 이를 '국방 · 군사시설에 대한 안보적 공공성론'이라고 한다.

24 이 견해는 요코타 기지(横田基地) 판결에서 나타난다. 이 판결에서 법원은 "국방만이 혼자 다른 부문보다 우월적인 공공성을 가져, 중시되어야 한다고 판단하는 것은 헌법정신에 용납되지 않는다(도쿄고판소 62.7. 1245-3). 행위의 주체가 공공성이 있어, 침해행위가 공익 때문에 이루어진 경우는 사권은 그에 따른 피해를 어느 정도 참아야 하는 것이 분명하다. 그리고 공공성이 고도화됨에 따라 수인한도도 높아진다. 요코다 비행장은 미군의 관리 하에 있지만, 우리 국방 전 조직의 일부를 이루는 군사시설인 것은 당사자 간 분쟁이 없어, 이에 따라 국방 공공성을 가지고 있다. 이에 동비행장의 공공성의 정도에 대해 검토한다. 행정은 많은 부문으로 나누어져 있지만, 각 부문의 공공성의 정도는 원칙적으로 동일한 것이다. 국방은 행정의 일부이기 때문에, 전시의 경우는 예외지만, 평시에 국방의 역할은 그 외 행정 부문인 외교, 경제, 운송, 교육, 법무, 치안 등 역할과 특별히 차이가 없고 국방만이 혼자 다른 제 부문보다 우월적인 공공성이 있어 중시되어야 한다고 해석하는 것은 헌법정신에 비추어 용인되지 않는다. 이에 따라 국방에 관계된 모든 기관의 공공성도 따라서 군사기지로 요코다 비행장의 공공성 정도는 예를 들면, 항공기에 의한 신속한 공공운송을 위한 기지인 나리타 공항 등 민간 공공용 비행장의 공공성이 동일하다고 해야 한다. 피고는 본건 비행장은 고도의 정치적 판단에 근거하는 신안보 조약에 따라 미군에 제공된 시설이며, 그 규모나 지리적 조건 등에서 대체성이 없는 것으로 동 비행장의 고도의 공공성을 강조해, 사익 대 사익 대립의 경우와 다르고, 공익 대 사익 대립의 경우는 사익의 침해 결과가 발생해도 원칙적으로 적법으로써 공공성은 전부적 위법성 기각사유라고 주장하고 있다. 그러나 소음은 단순한 물리 현상이며 소음 자체에 공공성이 없다는 것과 구별이 없고 침해 행위로는 항공기 소음도 공장 소음과 동일시되어야 하며, 사회생활을 할 때 최소한의 통상 수인한도를 넘으면 어느 정도 위법이다. 앞서 언급한 바와 같이 공공성은 수인한도를 약간 높인 이유가 되지만 공공성의 정도가 높아져 어느 정도 수인한도를 초과하더라도 원칙적으로 위법이 되지 않는다는 것은 아니다. 또한 요코다 비행장이 우리나라 국방상 기타 군사시설에 비해 공공성 정도가 높은지 낮은지에 대해 원 · 피고 사이에 분쟁이 있지만 그 비행장을 다른 시설에 비해 특별히 인정할 수 있는 증거가 없다."라고 판단하였다(김학선, "항

떤 행위가 사익을 제한한 경우 그 제한행위가 공익성을 갖는다면 사인은 그 피해를 어느 정도 감수하여야 한다는 것은 분명하고 그 공공성이 고도화됨에 따라 수인한도도 높아진다는 것을 전제로 한 뒤, 국방공공성이 높아질 경우, 그에 따른 수인한도도 높아지지만 전시가 아닌 평시에 국방만이 다른 행정기관보다 높은 공공성을 갖는다고 보기는 어렵다고 한다.[25] 평시에는 국방도 행정의 일부분이며 외교, 치안, 경제, 교통, 법무 등과 다를 바 없다는 것이다.[26]

마지막으로 구체적인 상황을 배제하고, 군사적 필요성을 이유로 다른 공익목적과 구별하여 우월한 공익성을 인정하고, 개인이 부담하는 사회적 수인의무가 높다고 하는 것은 타당하지 않다는 견해도 있는데, 이 견해는 공익을 해당 목적에 따라 유형화하고, 우월하다고 본다든지 혹은 특수한 법원리가 작동할 수 있다고 하는 것은 일반화 될 수 없는 이론을 일반화시켜 구체적 타당성을 결할 수 있는 오류를 범할 수 있다고 한다.[27] 그러나 이 견해에서도 구체적이고 개별적인 상황에서 보호되어야 할 공익의 가치가 일반적 공익보다 높다고 판단될 수 있는 경우가 있다고 한다.[28] 그 예로 군사분계선 주변지역은 후방지역에 비

공기소음소송에 관한 법적 고찰", 경희법학, 제46권 제4호, 2011, 98면 각주 78). ※ 직접인용 시 원문에 대한 일체의 수정을 하지 아니하는 것이 원칙이나, 본 연구에서는 띄어쓰기에 대하여 별도 표기 없이 수정하였음을 밝힌다. 이하 같다.

25 김학선, "항공기소음소송에 관한 법적 고찰", 경희법학, 제46권 제4호, 2011, 98면 각주 78.

26 김학선, "항공기소음소송에 관한 법적 고찰", 경희법학, 제46권 제4호, 2011, 98면 각주 78. 일본의 군 공항의 소음 배상 관련 판결에서 민간(민간공항, 민간항공기)과 달리 특별함은 인정하기 어렵다고 한다. 반면 우리나라의 경우, 매향리 사격장 사건에서 고도의 공공성을 인정하였다. 그러나 고도의 공공성이 인정된다고 하더라도 그 자체로 소음발생의 책임이 전부 면책되는 것은 아니다(대법원 2004. 3. 12. 선고 2002다14242 판결).

27 박영만, "군사시설보호법상 군사시설보호구역내의 피침해토지재산권에 대한 보상", 토지보상법연구 제4집, 한국토지보상법연구회, 2004, 117면.

28 박영만, "군사시설보호법상 군사시설보호구역내의 피침해토지재산권에 대한 보상", 토지보상

하여 가해지는 제한이 보다 더 클 수 있다는 것을 들고 있는데, "군사시설보호구역내에 위치에 있더라도 그 토지가 속한 입지조건 즉 접경지역여부 및 원근 내지는 보호되고 있는 군사시설의 종류 등에 의하여 부담하여야 할 사회적 의무가 다를 수는 있다"는 것이다.[29]

생각건대 군사시설의 공공성이 크다는 것은 국가안전보장이 국가의 존립에 전제가 된다는 점에서 부인할 수 없다고 할 것이다. 다만, 모든 군사시설이 우월적 공공성을 인정받아야 하는지는 의문이다. 외연이 넓어지면 내포는 줄어들 수 있는 것과 같이 군사적으로 직접 공용되지 아니한 군 복지 · 휴양시설 등에 대해서까지 군사시설로 포함하여 우월적인 공공성을 인정할 경우 군사시설의 특수성을 상실할 우려가 있다. 다시 말해 이러한 비군사적 목적의 시설까지 우월적 공공성을 인정하고자 요구한다면, 국가안전보장에 직접적인 목적을 가진 군사시설 모두에 대한 공공성까지 의심받게 될 수 있다는 것이다. 따라서 국가안전보장에 직접적인 군사적 목적을 가진 군사시설에만 우월적 공공성을 인정해주고, 기타 복지시설 등의 군사적 목적에 직접 공용되지 아니한 시설은 일반 행정시설과 동일한 공공성을 지니고 있다고 보아야 함이 타당할 것이다.

Ⅳ. 검토

우리나라는 특수한 안보상황하에서 국가의 안전보장과 국토방위를

법연구 제4집, 한국토지보상법연구회, 2004, 118면.

29 박영만, "군사시설보호법상 군사시설보호구역내의 피침해토지재산권에 대한 보상", 토지보상법연구 제4집, 한국토지보상법연구회, 2004, 118면.

위하여 군사시설을 건설 · 운영하고 있다. 군사시설로 인한 기본권 제한은 원칙적으로 국가안전보장을 위한 목적에서 가능할 것이고, 군사시설로 인한 재산권의 한계에 대하여 법률로 정할 수 있을 것이다. 또한 군사적 필요에 따른 재산권의 수용 · 사용 · 제한을 법률로 정할 수 있다. 그러나 군사시설로 인한 과도한 기본권 제한은 과잉금지의 원칙에 위배될 수 있으며, 군사시설로 인한 재산권의 수용 · 사용 · 제한의 경우도 정당한 보상을 하여야 할 것이다.

그렇다고 하더라도 국가안전보장을 위한 군사시설의 공공성이 크다는 것은 부인할 수 없다. 다만, 군사적으로 직접 공용되지 아니한 군 골프장 등의 군 복지 · 휴양시설 등에 대해서까지 군사시설로 포함하여 우월적인 공공성을 인정하는 것은 의문이다. 국가안전보장을 위한 직접적인 군사적 목적을 가진 군사시설에만 우월적 공공성을 인정해주고, 기타 복지시설 등의 군사적 목적에 직접 공용되지 아니한 시설은 일반 행정시설과 동일한 공공성을 지니고 있다고 보아야 하는 것이 타당할 것이다.

제2절 군사시설의 개별법상 개념

Ⅰ. 서설

현재 우리 법률에서는 군사시설에 대한 통일적인 개념정의가 되어 있지 아니하고, 군사기지와 군사시설(군사기지 및 군사시설 보호법, 건축법), 국방 · 군사시설(국방 · 군사시설 사업에 관한 법률, 건축법) 등의 용어를 사용하고 있다. 법률에서 해당 법률에 필요한 개념을 정의할 때, 그 법률의 목적이나 특성이 반영될 수밖에 없고, 그에 따라 규율하는 범위나 밀도 등도 달라질 수밖에 없다. 그러나 동일한 용어를 법률마다 달리 정의한다면 법률 간의 체계적인 해석에 어려움이 생기고, 그로 인한 분쟁도 발생할 수 있다. 따라서 유사한 용어 간의 적확한 해석이 필요할 것이다. 군사시설, 국방 · 군사시설, 군사기지 등의 개념이 혼재하는 상황에서 적확하게 군사시설, 국방 · 군사시설, 군사기지 등의 개념을 파악하고, 구별하는 기준 등을 검토할 필요성이 있다. 우선 각각의 개념을 살펴보고자 한다.

Ⅱ. 「군사기지 및 군사시설 보호법」상의 군사기지와 군사시설

1. 군사기지

「군사기지 및 군사시설 보호법」에서 '군사기지'는 군사작전을 수행하기 위한 근거지로, 군사시설이 위치한 군부대의 주둔지 · 해군기지 · 항공작전기지 · 방공(防空)기지 · 군용전기통신기지, 그 밖에 군사작전을 수행하기 위한 근거지를 말한다(법 제2조제1호).

군사기지는 군사시설이 위치한 군부대 주둔지를 의미하는바, 물적 개념인 군사시설과 인적 개념인 부대, 기관, 군인이 위치한 곳을 의미한다고 본다. 결국 군사시설의 개념이 기본적으로 전제되어야 군사기지의 개념을 파악할 수 있다고 할 것이다. 군사시설에 대한 개념은 뒤에서 자세히 살펴보기로 한다.

먼저 군사기지 중 하나인 '해군기지'를 살펴보면, 해군기지는 해군 주세력의 근거지인 군항과 함대별 작전근거지인 해군작전기지를 의미한다. 1949년 5월 7일 제정된 「해군기지설치령」에서는 군항을 경상남도 진해에 두고 경비기지를 인천, 군산, 목포, 여수, 제주, 부산, 포항, 묵호에 둔다고 규정하였다. 이후 1984년 4월 21일 「해군기지법시행령」이 제정되면서 해군기지구역(군항구역, 수역)으로 구분하고, 이후에 해군기지구역은 군항구역으로 명칭이 변경되었지만 다시 육상구역 · 수역(통제구역 · 제한구역)으로 구분하여 현재까지 이어지고 있다.

'항공작전기지'는 과거 1970년 공군기지에 대한 보호를 목적으로 「공군기지법」이 제정될 당시에는 '(공군)기지', '작전기지' 등의 용어로 불리다가 이후 이 법률이 「군용항공기지법」으로 제명이 변경되고, 2007년 「군사기지 및 군사시설 보호법」으로 통합되면서 '항공작전기지'로 정의되었다. '항공작전기지'란 항공작전의 근거지로 군의 전술항공기를 운용할 수 있는 전술항공작전기지, 군의 지원항공기를 운용할 수 있는 지원항공작전기지, 군의 회전익항공기를 운용할 수 있는 헬기전용작전기지, 그리고 전시 · 사변 또는 이에 준하는 비상시에 항공작전기지로 활용할 수 있는 비상활주로, 헬기예비작전기지 및 민간비행장을 말하는 예비항공작전기지를 말한다.[30] 여기에서 군용항공기는 비행기 · 회전익항공기 · 비행선 · 활공기(滑空機) · 그 밖의 항공기기를 말한다(군사기지 및 군사시설 보호법 제2조제5호).

방공기지는 "대공(對空)방어임무를 수행하기 위하여 지대공(地對空) 무기 등을 운용하는 기지"를 말한다(군사기지 및 군사시설 보호법 제5조제1항제1호

30 「군사기지 및 군사시설 보호법 시행령」 별표 2

나목). 그런데 지대공 무기가 아닌 지대지(地對地) 무기를 주로 운용하는 부대에서 부대의 방호를 위하여 지대공 무기를 설치 · 운영하고 있는 경우에도 방공기지로 볼 것인지 여부가 문제 되었는데, 법제처는 "대공방어 임무를 주 임무로 하지 않는다고 하더라도 해당 부대의 임무와 특성상 전 · 평시 대공방어의 필요성이 요구되어 실제로 지대지 무기와 함께 지대공 무기 등을 운용하여 대공방어 임무를 수행하고 있는 경우"에는 방공기지로 인정될 수 있다고 해석하였다.[31]

항공작전기지의 종류별 위치(제6조 관련)

1. 전술항공작전기지 가. K - 1 부산광역시 강서구 나. K - 2 대구광역시 동구 다. K - 3 경상북도 포항시 라. K - 4 경상남도 사천시 마. K - 6 경기도 평택시 바. K - 8 전라북도 군산시 사. K - 13 경기도 수원시 아. K - 16 경기도 성남시 자. K - 18 강원도 강릉시 차. K - 46 강원도 원주시 카. K - 55 경기도 평택시 타. K - 57 광주광역시 광산구 파. K - 58 경상북도 예천군 하. K - 59 충청북도 청원군 거. K - 75 충청북도 충주시 너. K - 76 충청남도 서산시
2. 지원항공작전기지 가. K - 10 경상남도 진해시 나. K - 53 인천광역시 옹진군 다. K - 60 충청북도 청원군 라. G - 113 경기도 고양시 마. G - 217 경기도 포천시 바. G - 222 경기도 양주시 사. G - 404 강원도 양구군 아. G - 407 강원도 양양군 자. G - 505 충청남도 연기군 차. G - 510 경기도 이천시 카. G - 536 충청남도 논산시 타. 삭제 〈2014.6.17.〉
3. 헬기전용작전기지 가. K-15 전라남도 목포시 나. 삭제 〈2009.11.17.〉 다. G-103 인천광역시 부평구 라. G-110 경기도 파주시 마. G-213 경기도 가평군 바. G-231 경기도 포천시 사. G-237 강원도 철원군 아. G-280 경기도 하남시 자. G-218 경기도 양주시 차. G-290 경기도 남양주시 카. G-301 경기도 양평군 타. G-307 강원도 춘천시 파. G-312 강원도 화천군 하. G-313 강원도 화천군 거. G-419 강원도 홍천군 너. G-420 강원도 인제군 더. G-501 경기도 용인시 러. G-532 충청남도 연기군 머. G-610 충청북도 음성군 버. G-801 경상북도 영천시 서. G-107 경기도 김포시 어. G-703 전라북도 전주시 저. N-234 경기도 평택시
4. 예비항공작전기지 가. 비상활주로: 수원, 나주, 영주, 죽변, 남지, 목포 나. 민간 비행장: 김포공항, 여수공항, 울산공항, 제주공항, 양양공항, 인천공항, 무안공항

31 법제처는 "지대지(地對地) 무기인 현무를 운용하는 육군 제9715부대 예하 부대에서 부대방

군사기지 예정지도 군사기지에 포함하는 것으로 해석된다. 대법원에서는 '부대주둔지'라 함은 "현재 부대가 주둔하고 있는 구역뿐만 아니라 부대주둔지로 사용하기 위한 시설공사 등이 구체적이고 확정적

호를 위하여 지대공(地對空) 무기도 설치 · 운용하고 있는 경우 그 부대가 「군사기지 및 군사시설보호법」 제5조제1항제1호나목 단서의 '방공기지'에 해당하는지?"에 대하여 방공기지에 해당된다고 하면서 다음의 이유를 제시하고 있다. "「군사기지 및 군사시설보호법」 제2조제1호 · 제2호 및 같은 법 시행령 제2조에 따르면 '군사기지'라 함은 군사시설이 위치한 군부대의 주둔지 · 해군기지 · 항공작전기지 · 방공(防空)기지 · 군용전기통신기지, 그 밖에 군사작전을 수행하기 위한 근거지를 말하고, '군사시설'이라 함은 전투진지, 군사목적을 위한 장애물 등과 그 밖에 군사목적에 직접 공용되는 시설인 대공방어시설, 군용통신시설 등을 말합니다. 한편, 국방부장관은 「군사기지 및 군사시설보호법」 제4조 및 제5조에 따라 군사기지 및 군사시설을 보호하고 군사작전을 원활히 수행하기 위하여 군사기지 및 군사시설 보호구역(이하 "보호구역"이라 함)을 지정하는데, 같은 법 제5조제1항제1호에서 보호구역 중 통제보호구역을 ① 민간인통제선 이북지역, ② 위 지역 외에 위치한 중요한 군사기지 및 군사시설의 최외곽경계선으로부터 300미터 범위 이내의 지역으로 하되, 다만, 대공(對空)방어임무를 수행하기 위하여 지대공 무기 등을 운용하는 기지, 즉, 방공기지의 경우에는 최외곽경계선으로부터 500미터 범위 이내의 지역으로 구분하고 있으며, 같은 법 제9조제1항에 따라 누구든지 통제보호구역 안에서는 원칙적으로 출입, 주택의 신축, 수산동식물의 포획 또는 채취 등의 행위를 할 수 없고, 이를 위반한 경우 에는 같은 법 제24조 및 제25조에 따라 징역형 또는 벌금형에 처하거나, 행위를 한 자가 소유하는 어획물, 제품 등을 몰수하게 됩니다. 그런데, 「군사기지 및 군사시설보호법」 제5조제1항제1호나목 단서의 방공기지는, 대공방어를 주 임무로 수행하기 위하여 지대공 무기를 운용하는 군사기지만 해당하는지, 또는 지대지 무기와 함께 지대공 무기 등 대공방어시설을 설치 · 운용하여 대공방어 임무를 수행하는 군사기지도 포함되는지가 문제된다고 할 것입니다. 「군사기지 및 군사시설보호법」 제5조제1항제1호나목 단서에서는 '방공기지'를 '대공방어임무를 수행하기 위하여 지대공 무기 등을 운용하는 기지를 말한다'고 규정하고 있는바, 대공방어임무를 수행하기 위한 대공작전에는 공중으로부터의 적의 공격을 방어하는 소극적 대공작전 뿐만 아니라 적의 대공무기가 설치된 군사기지나 항공기지 등을 무력화하는 적극적 대공작전도 포함되고, 대공작전 수행을 위한 무기에는 지대공 무기뿐만 아니라 지대지 무기도 포함된다고 할 것입니다. 그리고 「군사기지 및 군사시설보호법」 제5조제1항제1호나목 단서의 방공기지는 다른 군사기지 및 군사시설보다 통제보호구역의 범위를 더 넓게 규정하고 있는바, 이는 군사작전 수행의 편의성 보장뿐만 아니라 방공작전 수행으로부터 국민의 생명 및 재산을 보호하기 위한 측면도 있으므로 대공방어 임무를 주 임무로 하지 않는다고 하더라도 해당 부대의 임무와 특성상 전 · 평시 대공방어의 필요성이 요구되어 실제로 지대지 무기와 함께 지대공 무기 등을 운용하여 대공방어 임무를 수행하고 있는 경우에는 같은 법 제5조제1항제1호나목 단서에 따라 통제보호구역으로 지정할 수 있다고 할 것입니다. 따라서 지대지 무기인 현무를 운용하는 육군 제9715부대 예하 부대에서 부대방호를 위하여 지대공 무기도 설치 · 운용하고 있는 경우 그 부대는 「군사기지 및 군사시설보호법」 제5조제1항제1호나목 단서의 '방공기지'에 해당합니다."라고 해석하였다(법제처 법령해석, 국방부 - 「군사기지 및 군사시설보호법」 제5조제1항제1호나목 단서("방공기지"의 의미) 관련, 안건번호 08-0448, 2009. 2. 11.).

으로 준비 또는 진행되고 있는 구역도 포함된다고 봄이 상당하다"고 판단하고 있다.[32][33]

2. 군사시설

우리나라 실정법에서 '군사시설'을 정의한 대표적인 법률로 「군사기지 및 군사시설 보호법」이 있다. 이 법에서 '군사시설'은 "전투진지, 군사목적을 위한 장애물, 폭발물 관련 시설, 사격장, 훈련장, 군용전기통신설비,[34] 군사목적을 위한 연구시설 및 시험시설 · 시험장,[35] 그 밖에 군사목적에 직접 공용(供用)되는 시설인 대공방어시설, 군용통신시설, 군용부두 및 전쟁장비 · 물자의 생산 · 저장시설"을 의미한다(법 제2조제2호 및 같은 법 시행령 제2조).

우선 전투진지는 전투를 위한 진지로 볼 수 있다. 진지라 함은 "부대에 의해서 점령된 장소 혹은 지역"을 의미한다고 하는데,[36] 통상 땅을

---

32 대법원 2010. 10. 14. 선고 2008다86249 판결.

33 「국방 · 군사시설 사업에 관한 법률」 제2조제4호에서 군부대주둔지는 "「국군조직법」에 따른 국군의 부대와 기관 및 대한민국에 주둔하는 외국군대가 군사상의 임무를 수행하기 위하여 주둔하는 곳(제4조제1항 각 호 외의 부분 전단에 따른 국방 · 군사시설사업계획 또는 제6조제1항 본문에 따른 국방 · 군사시설사업 실시계획의 승인을 받아 군부대주둔지로 예정된 곳을 포함한다)"이라고 정의하고 있다.

34 「군용전기통신법」 제2조에서는 군용전기통신이란 "군사적 목적에 사용하기 위하여 유선, 무선, 광선이나 그 밖의 전자적 방식으로 모든 종류의 부호 · 문언 · 음향 또는 영상을 송신하거나 수신하는 것"을 의미한다고 하고, 군용전기통신설비란 "군용전기통신을 하기 위한 기계, 기구, 선로(線路)와 그 밖에 군용통신에 관련된 설비"라고 한다.

35 2019. 4. 23. 일부 개정으로 군사시설의 정의에 군사목적을 위한 연구시설 및 시험시설 · 시험장을 명시하였다.

36 합동참모본부 홈페이지, 합동연합작전 군사용어사전, 합동참고교범 10-2, 2005. 12., (http://medcmd.mil.kr/user/indexSub.action?codyMenuSeq=71157&siteId=jcs&menuUIType=sub, 최종방문일 : 2018. 5. 16.).

파거나 쌓는 등의 행위를 통해 조성하거나, 벽돌이나 시멘트 등의 건축도구를 활용하여 만들기도 한다.

장애물은 "군사이동을 정지, 지연, 제한, 방해 또는 전환시키는 인공 또는 자연 지형지물"을 의미하는데,[37] 접경지역에서 볼 수 있는 대전차 방호벽이나, 철조망 등이 있다. 하급심 판례[38]에서는 "군사시설은 반드시 견고한 재료에 의하여 축조된 건축물 등만을 의미하는 것은 아니고, 그 사용목적이 임시적이든 영구이든 상관없이 진지 · 장애물 등 기타 군사목적에 직접 공용되는 시설에 해당하기만 하면 군사시설에 해당한다"고 보고 있어 군사시설이 반드시 건축물인 것을 의미하지 않는다고 볼 수 있다.[39] 더 나아가 위 하급심 판례는 평택미군기지 이전 당시 예정지에 설치된 군사보호구역설정 표지판과 철조망, 군부대 주둔을 위한 숙영시설도 군사시설로 보고 있다.[40]

위 하급심 판례에 따르면 군사시설 예정지[41]와 임시적 숙영시설, 군

---

37 합동참모본부 홈페이지, 합동연합작전 군사용어사전, 합동참고교범 10-2, 2005. 12., (http://medcmd.mil.kr/user/indexSub.action?codyMenuSeq=71157&siteId=jcs&menuUIType=sub, 최종방문일 : 2018. 5. 16.).

38 서울행정법원 2006. 12. 5. 선고 2006구합17383 판결.

39 「건축법」 제2조제2호 "건축물"이란 토지에 정착(定着)하는 공작물 중 지붕과 기둥 또는 벽이 있는 것과 이에 딸린 시설물, 지하나 고가(高架)의 공작물에 설치하는 사무소 · 공연장 · 점포 · 차고 · 창고, 그 밖에 대통령령으로 정하는 것을 말한다.

40 서울행정법원 2006. 12. 5. 선고 2006구합17383 판결(군사시설보호법 제2조 내지 제4조는 보호구역 설정으로 보호하려는 군사시설에 관하여 아무런 제한 없이 군사시설이라고만 규정하여 그것이 반드시 현존할 것을 요구하지는 않고 있고, 군사목적에 직접 공용되는 군사시설은 국가의 안보와 직결되어 일반적으로 사전에 치밀한 계획하에 설치, 유지, 관리된다고 할 것인데, 그 설치 계획단계에서부터 당해 군사시설 설치에 대한 방해를 예방하고 적국의 첩보로부터 보안을 유지할 필요성이 있는 점에 비추어 보면, 그것이 현재 완공 혹은 완성되지 않았다고 할지라도 가까운 장래에 그 설치가 구체적이고 확정적으로 예정되어 있는 것이라면 이는 보호구역 설정으로 보호하여야 할 군사시설에 포함된다).

41 군사시설은 행정주체가 행정목적을 달성하기 위한 물적 수단인 공물에 해당될 것이다. 공물 중에서 군사시설은 직접 행정주체 자신의 사용에 제공된 공용물로 볼 수 있다. 그런데 예정공물의 경우, 다음 판례와 같이 공물에 준하여 취급되는 경우가 있다. 대법원은 "이 사건 토지에

용전기통신설비처럼 건축물이 아닌 천막(텐트), 컨테이너, 기계 및 기구 등 설비도 군사시설에 포함된다고 볼 수 있다.

구 법령[42]에서는 '군이 관장하는' 이라는 표현을 사용하여 국가나 군이 소유하거나 관리주체로 되어 있는 것만을 군사시설로 보는 견해가 있었으나,[43] 현행 법령에서는 '군이 관장하는'이라는 표현이 삭제되었기 때문에 민간 소유인 방위산업시설이나 방위사업체도 군사시설에 포함될 수 있다.

관하여 도로구역의 결정, 고시 등의 공물지정행위는 있었지만 아직 도로의 형태를 갖추지 못하여 완전한 공공용물이 성립되었다고는 할 수 없으므로 일종의 예정공물이라고 볼 수 있는데, 국유재산법 제4조제2항 및 같은법시행령 제2조제1항, 제2항에 의하여 국가가 1년 이내에 사용하기로 결정한 재산도 행정재산으로 간주하고 있는 점, 도시계획법 제82조가 도시계획구역 안의 국유지로서 도로의 시설에 필요한 토지에 대하여는 도시계획으로 정하여진 목적 이외의 목적으로 매각 또는 양도할 수 없도록 규제하고 있는 점, 위 토지를 포함한 일단의 토지에 관하여 도로확장공사를 실시할 계획이 수립되어 아직 위 토지에까지 공사가 진행되지는 아니하였지만 도로확장공사가 진행중인 점 등에 비추어 보면 이와 같은 경우에는 예정공물인 토지도 일종의 행정재산인 공공용물에 준하여 취급하는 것이 타당하다고 할 것이므로 구 국유재산법(1994.1.5. 법률 제4698호로 개정되기 전의 것) 제5조제2항이 준용되어 시효취득의 대상이 될 수 없다"라고 판결한 바 있다(대법원 1994. 5. 10 선고 93다23442 판결); 또 다른 사건에서도 대법원은 "이 사건 종합운동장 예정부지가 이 사건 사고당시 예정된 시설물이 갖추어지지 않았던 나대지에 불과하여 비록 국가 또는 공공단체등이 직접 공공의 목적에 제공하는 유체물인 이른바 강학상의 공물로서의 자격을 갖추지 못하였다 하더라도 이 사건 사고 이전에 종합운동장 예정부지로 결정된 상태여서 이른바 예정공물로서 국가배상법 제5조 소정의 '공공의 영조물'에 해당된다 할 것"이라고 판결하였다(대법원 1995. 1. 24 선고 94다45302 판결).

42 「군사시설보호법시행령」(대통령령 제10931호, 1982.10.6., 전부개정) 제2조에서 "기타군사목적에 직접 공용되는 시설"은 "전투지휘시설, 유도탄 및 레이다기지, 군이 관장하는 통신시설, 전쟁장비의 연구 · 생산 및 저장시설, 탄약의 생산 및 저장시설, 유류저장시설, 항만, 비행장 및 훈련장을 말한다."라고 규정하고 있다.

43 국방부, "국방관계법령해석질의 응답집 제17집", 1987, 158면; 박영만, "군사시설보호구역 설정행위의 법적 성격", 한국행정판례연구회 편, 행정판례연구 IX, 박영사, 2004, 24면에서 재인용.

Ⅲ. 「국방·군사시설 사업에 관한 법률」상의 국방·군사시설

「국방 · 군사시설 사업에 관한 법률」에서는 '국방 · 군사시설'이라는 용어를 사용하면서 ① 군사작전, 전투준비, 교육 · 훈련, 병영생활 등에 필요한 시설, ② 국방 · 군사에 관한 연구 및 시험 시설, ③ 군용 유류(油類) 및 폭발물의 저장 · 처리 시설, ④ 진지(陣地) 구축시설, ⑤ 군사 목적을 위한 장애물 또는 폭발물에 관한 시설, ⑥ 대한민국에 주둔하는 외국군대의 부대시설(部隊施設)과 그 구성원 · 군무원 · 가족의 거주를 위한 주택시설 등 군사 목적을 위하여 필요한 시설, ⑦ 그 밖에 군부대에 부속된 시설로서 군인의 주거 · 복지 · 체육 또는 휴양 등을 위하여 필요한 시설(법 제2조제1호)로 정의하고 있다.

그런데 이 법의 제정 당시(1991년 1월 14일)에는 ① 군부대 시설에 관한 사업, ② 국방 · 군사에 관한 사업의 연구 및 시험시설에 관한 사업, ③ 군용 유류 및 폭발물 저장시설에 관한 사업, ④ 진지구축시설에 관한 사업, ⑤ 군사목적을 위한 장애물의 설치 또는 폭발물의 매설에 관한 사업, ⑥ 기타 군사목적상 직접 필요한 시설물의 설치에 관한 사업으로 규정하고, 군인의 주거 · 체육 · 복지시설 등은 포함되지 아니하여 현재의 「군사기지 및 군사시설 보호법」상의 군사시설과 관련된 사업을 의미하는 것으로 볼 수 있었다. 그런데 1993년 개정에서는 이주대책사업을 추가 하였고, 2005년 법 개정을 통하여 현행 법령과 같이 외국군대시설과 주택시설, 군인의 주거 · 체육 · 복지시설 등을 포함하였다.

국방 · 군사시설 중 '군부대에 부속된 시설로서 군인의 주거 · 복지 · 체육 또는 휴양 등을 위하여 필요한 시설(국방 · 군사시설 사업에 관한 법률 제2조제1호사목)'의 해석에 있어서, 영외지역 아파트가 「국방 · 군사시설 사업에 관한 법률」상의 군부대에 부속된 군인의 주거시설에 해당하는지 문제되었다.[44] 법제처는 '군부대에 부속된 시설'이라는 의미가 엄격하게 부속건축물[45]이어야만 한다고 볼 수는 없다고 하고, 군인의 주거시설의 용도로 사용되고 군사상 긴요한 시설에 해당하면 국방 · 군사시설에 해당한다고 보아 영외지역 아파트를 국방 · 군사시설에 해당한다고 보았다.[46] 이와 같은 해석의 관점에서 보면 영외 주거 및 복지시

---

44 법제처 법령해석, 부평구 아파트 구조로 건축되는 군부대 관사시설의 「건축법」상 건축물 용도(「건축법」 제2조제2항 등 관련), 안건번호 10-0389, 2010. 11. 18.

45 「건축법 시행령」 제2조제12호 "부속건축물"이란 같은 대지에서 주된 건축물과 분리된 부속용도의 건축물로서 주된 건축물을 이용 또는 관리하는 데에 필요한 건축물을 말한다.

46 법제처는 "지상 5층 이상인 아파트 구조로 건축되는 건축물의 경우 「주택법」 제2조제2호에 따라 건축물의 벽 · 복도 · 계단이나 그 밖의 설비 등의 전부 또는 일부를 공동으로 사용하는 각 세대가 하나의 건축물 안에서 각각 독립된 주거생활을 할 수 있는 구조로 된 주택이라면 해당 건축물의 구조로만 볼 때, 「건축법」 제2조제2항 및 같은 법 시행령 별표 1 제2호가목에 따라 공동주택 중 아파트로 분류된다고 볼 수도 있으나, 「건축법」상 건축물의 용도별 종류는 건축물의 종류를 유사한 구조뿐만 아니라 이용 목적 및 형태별로 묶어 분류한 것으로서 유사한 구조를 가지고 있다고 하더라도 해당 건축물의 이용 목적 및 형태에 따라 달리 구분하여 분류될 수 있다고 할 것입니다. 그런데, 군부대 관사시설의 경우에는 공동주택 중 아파트와 같거나 유사한 구조를 가지고 있다고 하더라도 군인 또는 군인 가족의 주거가 그 해당 건축물의 주된 이용 목적이 된다고 할 것이고, 「사회기반시설에 대한 민간투자법」 제2조제1호초목에 따르면, 군영외에 건립되는 군부대 관사시설을 「군사기지 및 군사시설 보호법」 제2조제2호에 따른 군사시설의 하나로 보아 민간투자사업의 대상으로 규정하고 있습니다. 또한, 「국방 · 군사시설 사업에 관한 법률」 제2조제1항제7호에 따르면, 군부대에 부속된 시설로서 군인의 주거 · 복지 · 체육 또는 휴양 등을 위하여 필요한 시설을 국방 · 군사시설의 하나로 규정하고 있는데, 여기서 "군부대에 부속된 시설"이 같은 대지에 있을 것을 전제로 하는 「건축법 시행령」 제2조제12호에 따른 부속건축물을 의미한다고 볼 수는 없다고 할 것이고, 군인은 비상시 신속한 출동에 대비하여 군의 영내나 근접지 거주의 필요성이 크고, 군주둔지 주변의 주거사정이 열악한 점 등의 특수한 사정을 고려할 때 군 장교 및 하사관과 그 가족들의 주거용으로 쓰는 아파트 구조의 관사시설도 군사상 긴요한 시설로 보아야 할 것(대법원 1993. 9. 14. 선고 92다32012 판결례 참조)입니다. 위와 같은 사항을 종합적으로 고려할 때, 군부대 영외 지역에서 지상 5층 이상인 아파트 구조로 건축된다고 하더라도 군부대 관사시설로 이용하는 것이 그 건축물의 이용 목적이라면 「건축법」상 건축물의 용도는 같은 법 제2조제2항제23호에 따른 교정 및 군사 시설로서 같은 법 시행령 별표 1 제23호라목에 따른 국방 · 군사시설에 해당한다고 할 것이며, 이와 같이 군부대 관사시설을 「건축법 시행령」 별표 1 제23호라목에 따른 국방 · 군사시설로 보는 경우 같은 별표 제2호가목에 따른 아파트에서 같은 별표 제23호라목에 따른 국방 · 군사시설로서

설[47] 등도 국방 · 군사시설에 해당된다고 할 수 있다.[48]

Ⅳ.「건축법」상의 군사시설과 국방·군사시설

「건축법」에서는 건축물의 용도에 대하여 구분하고 있는데 여기에 '교정(矯正) 및 군사 시설'을 규정하고 있다(건축법 제2조제2항제23호).「건축법 시행령」에서는 '교정 및 군사 시설'의 용도에 속하는 건축물의 종류로 '국방 · 군사시설'을 규정하고 있다. 그런데 군사시설의 개념에 대하여 별도로 정의하고 있지 않기 때문에「군사기지 및 군사시설 보호법」의 군사시설,「국방 · 군사시설 사업에 관한 법률」에서의 국방 · 군사시설과 어떠한 관계가 있는지 검토해 볼 필요가 있다.

이에 대하여 방위사업청 및 국방기술품질원의 사무실이「건축법 시행령」상의 군사시설에 해당하는지 여부가 문제가 된 사례가 있었다.[49]

지상 5층 이상인 아파트 구조의 군부대 관사시설은 제외된다고 보아야 할 것입니다. 따라서, 군부대 영외 지역에서「사회기반시설에 대한 민간투자법」에 따라 민간투자사업으로 건축되는 지상 5층 이상인 아파트 구조의 군부대 관사시설의 경우,「건축법」상 건축물의 용도는 같은 법 제2조제2항제23호에 따른 교정 및 군사 시설로서 같은 법 시행령 별표 1 제23호라목에 따른 국방 · 군사시설에 해당합니다."라고 판단하였다(법제처 법령해석, 앞의 안건번호 10-0389, 2010. 11. 18.).

47 복지시설의 경우「군인복지기본법」에도 규정되어 있는데, 여기에서 복지시설이란 "군인의 복지를 증진하기 위하여 국방부장관이 ① 군인 자녀 기숙사, ② 군 매점, 영내 주유소, ③ 복지회관, 휴양소 및 콘도미니엄, 그 밖에 국방부장관이 군인의 복지 증진에 필요하다고 인정하여 지정하는 시설과 앞의 시설에 부수되는 시설"을 말한다(법 제2조제3호). 또한 이 법에서 체육시설이란 "군 골프장과 같이 군인의 체력을 유지 및 향상시키기 위하여 설치된 시설"을 말한다(법 제2조제4호).

48 연구자는 이러한 해석에 대하여 비판적 입장이다. 이에 대한 논의는 뒤에서 검토한다.

49 법제처 법령해석,「국토의 계획 및 이용에 관한 법률」상 자연녹지지역인 국방부 조달본부안의 나대지에 신설되는 방위사업청 및 국방기술품질원의 사무실로 사용할 건물을 신축하고자 하는바, 위 건물이「건축법 시행령 별표 1 제19호 다목」에 규정된 군사시설에 해당하는지 여부, 안건번호 05-1037, 2005. 12. 30.

구 「건축법 시행령」(2009. 7. 16. 대통령령 제21629호로 개정되기 전의 것) 별표 1에서 용도별 건축물의 종류를 군사시설로 규정하고 있었는데,[50] 여기에서 규정한 군사시설에 방위사업청 및 국방기술품질원의 사무실로 사용할 건물이 해당하는지에 관한 문제였다.

이에 대하여 법제처는 「군사시설보호법」(2007. 12. 21. 법률 제8733호로 폐지되기 전의 것)상의 군사시설의 개념[51]과 「건축법」상 군사시설의 개념은 각각의 법률에서 추구하는 목적이 다르기 때문에 두 개념이 완전히 일치한다고는 볼 수 없다고 하고, 「건축법」상 군사시설은 「군사시설보호법」상의 군사시설의 개념(진지 · 장애물 등 군사목적에 직접 공용되는 시설)뿐만 아니라 그 지원을 위한 각종 부대시설 등 군사상 필요에 따라 건축된 시설물로 군사상으로 긴요한 시설을 포함한다고 한다고 하였다.[52]

---

50 현행 「건축법 시행령」 별표 1에서는 국방 · 군사시설로 규정하고 있다.

51 현행 「군사기지 및 군사시설 보호법」 제2조제2호에서도 동일하게 규정하고 있다.

52 법제처는 "「건축법 시행령」은 별표 1에서 용도에 따른 건축물의 종류를 구분하고 있는바, 건축물을 용도에 따라 구분하는 것은 건축물의 이용목적에 따라 건축물을 구분하는 것입니다. 「군사시설보호법 제2조제1호」의 규정에 의하면, 군사시설이라 함은 진지 · 장애물 기타 군사목적에 직접 공용되는 시설을 말한다고 하고 있는바, 이는 군사시설 일반을 규정한 것이 아니라 군 작전과 국가안전보장을 위하여 필요한 최소한의 시설로서 행정적 규제를 통해서라도 반드시 보호할 필요가 있는 군사시설을 규정한 것으로 보아야 할 것입니다. 이는 「형법 제95조 내지 제97조」에서 보호의 대상으로 하고 있는 군용시설은 형벌의 전제인 점을 고려하여 직접 군사용으로 제공되는 시설로 제한하여 해석되고 있는 점과 마찬가지라 할 것입니다. 따라서, 「군사시설보호법」상의 군사시설의 개념과 건축물을 용도별로 세분하고 그에 따라 건축기준 등을 설정하여 일정한 규제를 가함으로써 건축물의 안전 · 기능 및 미관을 향상시키고 공공복리의 증진에 이바지하고자 하는 「건축법」상의 군사시설과는 완전히 일치한다고는 볼 수 없다고 할 것인바, 「건축법」상 용도의 측면에서 군사시설이란 진지 · 장애물 등 군사목적에 직접 공용되는 시설뿐만 아니라 그 지원을 위한 각종 부대시설 등 군사상 필요에 의하여 건축된 시설물로서 군 장교와 그 가족들의 주거용으로 사용되는 군인아파트와 그에 부속된 교회건물이나 놀이터, 화장실, 진입도로 등도 군사상으로 긴요한 시설이라고 할 수 있으므로 군사시설로 분류가 가능할 것입니다. 한편, 「정부조직법 제33조제1항」의 규정에 의하면, 국방부장관은 국방에 관련된 군정 및 군령과 기타 군사에 관한 사무를 관장하도록 되어 있고, 「동조제2항」의 규정에 의하면, 국방부장관 소속하에 방위사업청을 두며, 방위사업청은 방위력개선사업, 군수물자조달 및 방위산업 육성에 관한 사무를 관장하도록 되어 있고, 더구나 방위사업청은 국방부 획득실, 합동참모본부의 전력발전부, 국방부 조달본부 및 각 군의 무기체계관련 사업단 등

법제처의 해석을 살펴보면, 「건축법」상 군사시설에 대하여 대법원에서 판례로 인정하고 있는 군사상의 긴요한 시설은 모두 군사시설로 인정하고 있다. 그렇다면 대법원 판례상 인정되고 있는 군사상 긴요한 시설은 어떠한 것인지가 문제 될 것이다.

대법원 판례상 인정되고 있는 군사상 긴요한 시설로는 관사와 같은 군인 숙소, 교회건물, 유치원, 군인복지회관 등이 있다. 군인 숙소에 관하여 대법원은 "군인은 비상시에 대비하여 군의 영내나 근접지 거주의 필요성이 크고, 주로 관사 등 숙소를 이용하는 하사관 이상의 군인들이 군의 작전계획에 따라 수시로 근무부대를 이동하게 되는 경우가 많으며, 대개의 경우 군주둔지주변의 주거사정이 열악한 점 등 제반 군의 특수성에 비추어 볼 때, 이 사건의 부대장 숙소와 같은 관사는 군사상 필요한 시설의 하나라 할 것"이라고 하여 중요시설로 보고 있다.[53]

현재 군사시설로 되어 있는 기관을 통합하여 신설되는 조직으로서 전시에는 군수물자의 조달 등 군의 주요한 기능을 수행하게 될 뿐만 아니라 다수의 현역 군인이 그 직원으로 근무하게 된다는 점에서 방위사업청이 사용하게 될 건축물은 그 용도상 군사시설로 보아야 할 것입니다. 또한, 군수품의 품질보증 및 품질경영 등에 대한 업무와 국방과학기술의 조사 · 분석 · 예측 등에 관한 업무를 수행하는 국방기술품질원은 국방 · 군사에 관한 연구 및 시험기관에 해당하고, 그 부속시설은 당연[히] 국방 · 군사시설에 관한 법률에서 정한 연구 및 시험기관으로서 방위사업청과 마찬가지로 군사시설에 해당한다 할 것입니다."라고 해석하였다(법제처 법령해석, 앞의 안건번호 05-1037, 2005. 12. 30.).

53 대법원은 "원심은, 육군 제2군단 소속 51통신대 제2중대(이하 위 통신대라 한다)는 이 사건 징발토지들을 포함한 그 일대 토지 도합 61,288평방미터 중 300보안부대 점용부분을 제외한 나머지 토지부분(이하 통신대부지라 한다)을 점용하면서 주둔하여 오던 중, 1979.11.13. 통신대부지 중에서 1,112평방미터(별지목록 기재 토지의 각 1부)를 위 통신대에서 상당히 원거리에 위치한 육군 제2군단 예하부대인 군견훈련소장 및 6068부대 대대장의 관사부지로 내주어 그즈음 관사가 건립되어 현재 관사부지로 사용되고 있는데, 위 통신대가 1980.12.16.부대이전으로 위 관사부지부분을 제외한 나머지 토지에서 모두 철수한 사실을 인정한 다음, 통신대부지는 물론 위 관사부지도 영외거주자인 군견훈련소장 및 대대장과 그 가족들의 주거를 당해 군부대와 인접해 있지도 아니하고 원거리에 위치한 위 관사부지부분에 마련하여 줄 특별한 군사상의 사정이 있다는 점에 대한 주장, 입증이 없는 이 사건에 있어서 단지 영외거주자인 군견훈련소장 및 대대장의 관사부지라는 사실 하나만으로 징발재산정리에관한특별조치법 제20조 소정의 군사상 필요성이 계속하여 존재한다고 볼 수 없다 할 것이므로, 위 통신대부지 중 이 사건

더 나아가 "그에 부속된 교회건물이나 유치원 등은 단순한 군 복지시설이라기보다는 군사상으로 긴요한 시설이라고 보아야"한다고 하고, "군인복지회관도 그것이 출장, 휴가 중인 장병들에게 침식을 제공하는 등의 용도에 사용되는 등 군전투력의 유지 · 증대에 필요한 것인 경우에는 그 역시 군사상 긴요한 시설로 보아야 할 것"[54]이라고 하여 그

토지들은 위 특별조치법 제20조제1항이 규정한 징발재산의 전부 또는 일부가 군사상 필요 없게 된 때에 해당하여 피징발자 또는 그 상속인인 원고들은 위 특별조치법 제20조에 의한 환매권을 취득한다고 판단하였다. 그러나, 군인은 비상시에 대비하여 군의 영내나 근접지 거주의 필요성이 크고, 주로 관사 등 숙소를 이용하는 하사관 이상의 군인들이 군의 작전계획에 따라 수시로 근무부대를 이동하게 되는 경우가 많으며, 대개의 경우 군주둔지주변의 주거사정이 열악한 점 등 제반 군의 특수성에 비추어 볼때, 이 사건의 부대장 숙소와 같은 관사는 군사상 필요한 시설의 하나라 할 것이므로, 다른 특별한 사정이 없는 한 적어도 위와 같은 관사의 이용을 위하여 필요한 범위의 토지는 당연히 군사상 필요 없게 된 때에 해당한다고 할 수는 없을 것이고, 위 관사가 부대와 다소 원거리에 위치한다 하여도 이와 같은 사정만으로는 당해 토지부분이 군사상 필요 없게 된 것이라고 인정할 만한 특별한 사정이 있는 경우에 해당한다고 보기에는 부족한 것이라 할 것이며, 이 사건 토지들 중 일부가 군사상 필요 없게 된 것이라 하여 원고들에게 당연히 이 사건 징발토지 전부에 대하여 환매권이 발생하는 것이라고 할 수도 없다 할 것이다. 그렇다면 원심이 이 사건 토지 중의 일부인 별지목록 기재 토지 위에 군사용 시설인 관사가 있고 또 피고가 이를 현재 사용하고 있음에도 불구하고, 이 사건 관사가 당해 군부대와 인접해 있지 않는다는 이유만으로 원고들이 이 사건 통신대 부지 전부에 대하여 환매권을 취득하게 된 것이라고 단정한 것은 징발재산정리에관한특별조치법 제20조제1항의 취지를 오해하고 심리를 미진한 것이거나 이유불비의 위법이 있다고 할 것이고 이는 판결에 영향을 미치는 것이므로 논지는 이유 있다"라고 판시하였다(대법원 1991. 12. 10. 선고 90다19749 판결).

54 대법원은 "이 사건 토지는 원래 원고의 소유였는데 피고가 1951.7.27. 징발법에 의하여 징발하여 피고 산하 육군 항공대 헬기부대 부지로 사용하여 오던 중 징발재산정리에관한특별조치법에 의하여 군이 군사상 계속 사용할 필요가 있다는 이유로 1971.5.31. 이 사건 토지를 매수하고 1981.3.1.자로 그 매수대금에 대한 징발보상증권의 상환을 종료한 사실, 이 사건 토지는 위와 같이 징발된 이후 피고 산하 육군 항공대 헬기부대 부지로 사용되어 오다가 1983.6.29.경 위 부대가 다른 곳으로 이동하여 간 후, 피고 산하 포병 제333관측대대가 이 사건 토지상에 주둔하다가 위 부대도 1985.3.31경 다른 곳으로 이동하여 갔으며, 그 후에는 이 사건 토지와 그 인근 토지상에 군부대가 주둔한 적은 없고 다만 이 사건 토지로부터 남서쪽으로 상당한 거리를 둔 같은 동 547, 556 지상에 피고 산하 제1군수지원사령부가 관리하는 제1종(급양) 창고가 있어 이 지역에는 소수의 군인들이 보초근무를 서고 있으나, 이 사건 토지는 관리를 소홀히 한 관계로 잡초가 무성하고 헐어진 담 사이로 민간인들이 들어와 고구마, 들깨 등을 경작하는 등 방치되어 온 사실, 그런데 위 군수지원사령부가 1981년경부터 1989년경 사이에 이 사건 토지의 북쪽에 인접한 토지상에 장교 및 하사관과 그 가족의 주거용 군인아파트를 건립하였는데 이 사건 토지 중 일부가 위 아파트의 앞마당으로 사용되고 있고, 또한 위 같은 부대가 1990.7.4. 건축인가를 받아 같은 달 30. 소외 대덕건설과 건축계약을 마친 다음, 같은 해 8.3.부터 1991.12.말

군사 목적, 또는 군사적 필요의 범위를 넓게 보고 있다.[55] 그렇다면 「건축법」에서 말하는 군사시설은 「군사기지 및 군사시설 보호법」에서 정의하는 군사목적에 직접 공용되는 시설이 아니라 군 숙소나 교회건물, 유치원, 군인복지회관 등 군사상 필요한(긴요한) 시설로 해석된다고 볼

경 사이에 이 사건 토지의 일부와 그에 인접한 토지상에 출장, 휴가 중인 제1군사령부 예하장병들에게 침식 및 편의를 제공하기 위한 군인복지회관인 "통일회관(2층건물)"을 건축함으로써 이 사건 토지 중 일부가 위 군인복지회관의 부지 및 화단으로 사용되고 있으며, 그 외 이 사건 토지 중 일부가 위 군인아파트의 후문통로 및 위 통일회관의 주차장으로 사용되고 있는 사실을 인정하는 한편, 위 군인복지회관의 신축이 원고의 환매권행사를 방해하기 위하여 이루어진 것이라는 점을 입증할 아무런 자료가 없다고 하고 있는바, 기록에 의하여 원심이 취사한 관계증거를 살펴보면, 위 원심의 사실인정판단은 정당하고 거기에 소론과 같은 채증법칙위반이나 심리미진의 위법이 없다"라고 판시하였다(대법원 1993. 9. 14. 선고 92다32012 판결).

55 대법원은 "원심은 그 증거에 의하여, 피고가 징발, 매수한 이 사건 토지에는 미해병 고문단이 주둔하면서 독신장교숙소가 건립되어 있었고, 그 후 해병 5여단 통신중대 등이 주둔하다가 1984.12.20.경 다른 곳으로 이동한 후에는 1985.5.경부터 그 해 12.경 사이에 기존의 위 독신장교숙소가 철거되고 판시 부분에 장교용 3층 아파트 2동과 2층 1동 및 2층 교회건물 1동, 단층창고 1동, 단층변소 1동 등이 건립되어 그 판시부분을 위 각 건물의 부지 등으로 점유하고 있는데 위 아파트는 인접부대의 장교와 그 가족들의 주거용으로, 위 교회는 부대장병과 위 아파트에 거주하는 장교가족들의 예배를 위하여, 위 창고는 장교자녀들의 유치원으로, 또 판시 각 부분은 놀이터, 도로공원, 아파트 등의 출입도로 등으로 사용되고 있는 사실을 확정한 다음 위 군인아파트와 교회건물, 창고 등을 위 각 토지 위에 존치하여 두는 것은 군사상 긴요한 것이라고 볼 수 없다고 판시하여 징발재산정리에관한특별조치법 제20조에 따른 원고의 환매권을 받아들였다. 그러나 원심이 든 을 제2호증의 2, 3의 기재와 제1심 및 원심의 검증결과 및 변론의 전취지에 의하면 이 사건 토지는 북한에 근접한 지역으로서 그 인근에 군부대가 주둔하고 있음을 알 수 있는터에 군인은 비상시의 신속한 출동에 대비하여 군의 영내나 근접지 거주의 필요성이 크고 이와 같은 군 주둔지 주변의 주거사정이 열악한점등의 특수한 사정을 고려해 보면 군장교와 그 가족들의 주거용으로 쓰이는 이 사건 아파트와 그에 부속된 교회건물이나 유치원 등은 단순한 군 복지시설이라기 보다는 군사상으로 긴요한 시설이라고 보아야 할것이므로 특별한 사정이 없는 한 그 아파트 등의 이용을 위하여 필요한 범위의 토지는 당연히 군사상 긴요하지 않게 된 때에 해당한다고 할 수 없다 할 것이다.(당원 1991.12.10. 선고 90다 17538, 17545 판결; 90다 19749 판결; 1992.2.11. 선고 91다 25499 판결 등 참조) 그런데도 원심이 그 판시와 같은 사실들을 인정하고서도 그 이유만으로 이미 건립되었던 위 독신자숙소가 철거된 때로부터 판시 토지가 군사상 긴요한 것이라고 볼 수 없다고 단정하여 원고의 이 사건 환매권을 받아들인 것은 위 특별조치법 제20조제1항의 환매권행사요건인 군사상 필요성에 관한 법리를 오해하여 판결결과에 영향을 미쳤다 하겠다(다만 판시 제1기재 토지와 판시 제2, 3 기재 토지 중 판시도면표시 마, 아 부분에 관하여도 그 토지들이 위 아파트와 부속건물의 이용을 위하여 필요한 범위 외의 것인가는 기록상 분명치 않아 심리할 필요가 있다). 이 점을 지적하는 주장은 이유 있다"라고 판시하였다(대법원 1992. 6. 23. 선고 91다28870 판결).

수 있다.

생각건대 「건축법」상 군사시설 개념에 「군사기지 및 군사시설 보호법」에서 정의된 군사시설의 개념을 사용하지 아니하고, 군사상 필요한(긴요한) 시설까지 포함하는 것은 타당하지 않다고 생각한다. 군사시설에 대한 정의를 이미 「군사기지 및 군사시설 보호법」에서 하고 있으면, 이를 준용하거나 만일 그렇지 아니하면 별도로 그에 대한 정의를 하는 것이 타당하기 때문이다.

또한 법제처 해석의 근거로 삼은 대법원 판례는 「징발재산정리에관한특별조치법」의 "군사상 긴요하고 군이 계속 사용할 필요가 있는 재산"의 해석에 대한 판단을 하는 것이고,[56] 군사시설의 개념에 대하여 설시한 것은 아니다. 따라서 「건축법」상 군사상 긴요한 시설을 포함하여 군 숙소, 교회건물, 유치원, 군인복지회관까지 군사시설로 해석하는 것은 타당하지 않다고 본다. 법체계의 정합성 · 객관성 · 보편성이 결여되어 있는 법제처의 해석에 대하여 면밀한 검토가 필요하다. 법체계의 정합성 측면에서 「건축법」상 군사시설은 「군사기지 및 군사시설 보호법」상의 군사시설의 개념인 군사 목적에 직접 공용되는 시설로 해석하여야 할 것이다.

법률에서 어느 개념을 사용할 때, 개별 법률마다 그 목적이나 취지에 따라 달리 정의될 수 있지만, 별도의 정의 규정을 두지 아니하고 해석으로 동일한 용어를 개별 법률마다 다르게 해석한다면 법적용에 혼란

56 「징발재산정리에관한특별조치법」 제2조제1항에서는 "국가는 징발재산중 군사상 긴요하여 군이 계속 사용할 필요가 있는 사유재산은 이를 매수한다."라고 규정하고 있고, 앞의 대법원 판례는 "군사상 긴요하여 군이 계속 사용할 필요가 있는"이라는 요건에 해당하는지 판단하는 것이었다.

이 발생할 우려가 있으며 법적 안정성의 침해도 우려될 것이다. 「군사기지 및 군사시설 보호법」과 「건축법」상의 군사시설의 개념에 대하여 체계적으로 정비할 필요가 있다.

Ⅴ. 미군기지(군사시설) 등 외국군의 군사시설

대한민국과 미국(미합중국) 간의 상호방위조약에 근거하여 양국의 합의에 따라 미국의 육 · 해 · 공군을 대한민국의 영토와 그 주변에 배치할 수 있도록 하고 있다.[57] "헌법에 의하여 체결 · 공포된 조약과 일반적으로 승인된 국제법규는 국내법과 같은 효력을 가진다."라고 하는 헌법 제6조제1항에 따라 위 상호방위조약은 국내법과 같은 효력을 가진다. 상호방위조약에 따라 배치되는 미국군에 대하여, 그 병력이 주둔하고 사용하는 시설인 군사시설은 설치의 법적 근거가 인정된다고 할 것이다.

군사시설 관련 법률에서는 외국군대의 시설에 대한 적용여부를 명시적으로 규정하고 있다. 「국방 · 군사시설 사업에 관한 법률」에서는 '국방 · 군사시설'의 개념에 "대한민국에 주둔하는 외국의 부대시설(部隊施設)과 그 구성원 · 군무원 · 가족의 거주를 위한 주택시설 등 군사 목적을 위하여 필요한 시설"을 포함하고 있다(국방 · 군사시설 사업에 관한 법률 제2조제1항바목). 그리고 「군사기지 및 군사시설 보호법」에서도

57 대한민국과 미합중국간의 상호방위조약(Mutual Defense Treaty between the Republic of Korea and the United States of America) 1954. 11. 18. 체결 및 발효제4조 相互的 合意에 依하여 美合衆國의 陸軍海軍과 空軍을 大韓民國의 領土內와그 附近에 配備하는 權利를 大韓民國은 이를 許與하고 美合衆國은 이를 受諾한다.

“이 법은 「헌법」에 규정된 절차에 따라 대한민국에 주류(駐留)하는 외국군의 군사기지 및 군사시설에 대하여도 적용한다.”라고 하고 있다. 그렇다고 한다면 국방 · 군사시설 사업과 군사시설 보호에 대하여 외국군의 군사시설도 우리 군사시설과 동일한 법적 지위에 있다고 할 것이다.

제3절 소결

우리나라는 특수한 안보상황하에서 국가의 안전보장과 국토방위를 위하여 군사시설을 건설하고 운영하고 있다. 군사시설로 인한 기본권 제한은 국가안전보장을 위한 목적에서 가능할 것이고, 군사시설로 인한 재산권의 한계에 대하여 법률로 정할 수 있을 것이다. 또한 군사적 필요에 따른 재산권의 수용 · 사용 · 제한을 법률로 정할 수 있다고 할 것이다. 그러나 군사시설로 인하여 기본권의 본질까지 침해하는 과도한 기본권 제한은 과잉금지의 원칙에 위배될 수 있으며, 군사시설로 인한 재산권의 수용 · 사용 · 제한의 경우도 정당한 보상을 하여야 한다는 점을 간과하여서는 아니 된다.

국가안전보장을 위한 군사시설의 공공성이 크다는 것은 부인할 수 없다. 다만, 군사적으로 직접 공용되지 아니한 복지 · 휴양시설 등에 대해서까지 군사시설로 포함하여 우월적인 공공성을 인정하는 것은 의문이다. 국가안전보장에 직접적인 군사적 목적을 가진 군사시설에만 우월적 공공성을 인정해주고, 복지 · 휴양시설 등의 군사적 목적에 직접 공용되지 아니한 시설은 일반 행정시설과 동일한 공공성을 지니고 있다고 보아야 하는 것이 타당할 것이다.

현행 법률상 군사시설은 「군사기지 및 군사시설 보호법」에서 군사기지와 군사시설, 「국방 · 군사시설 사업에 관한 법률」에서 국방 · 군사시설로 정의되어 있고, 「건축법」에서는 별도의 개념 정의는 없지만, 군사시설과 국방 · 군사시설이라는 용어를 사용하고 있다. 그런데 「군사기지 및 군사시설 보호법」, 「국방 · 군사시설 사업에 관한 법률」에서 열거하고 있는 시설들이 다수 중첩됨에도 불구하고 '군사시설'과 '국방 · 군사시설'이라는 용어로 달리 정의하고 있는바, '군사시설', '국방 · 군사시설'의 개념에 대한 체계성의 확보 내지 정비가 필요하다고 할 것이다. 새로운 군사시설의 개념은 현재 '군사시설', '국방 · 군사시설'이라는 두 개념의 공통적인 부분과 그렇지 아니한 부분을 구분하여 정의할 필요가 있다. 또한 군사시설을 성질상 군사 목적 또는 국가안전보장을 위하여 군사목적에 직접 공용되는 시설과 그렇지 아니한 시설을 구분하여, 군사목적에 직접 공용되는 시설은 군사적 공공성인 큰 시설로 보호의 대상이나 각종 절차 등의 특례를 유지하고, 그렇지 않은 시설의 경우는 일반 시설과 비슷한 규제 체계 내에 두는 것이 바람직하다.

이러한 관점에서 새로운 군사시설의 개념은 '군사목적에 직접 공용되는 토지, 건축물, 그 밖의 구조물(전기통신설비 또는 정보통신설비와 진지 및 장애물을 포함한다.)'로 정의하는 것을 제안한다. 다만, 군사목적에 직접 공용되지 아니한 토지, 건축물 등은 필요에 따라 '부속군사시설'로 정의하고, 「건축법」 상의 군사시설은 새롭게 정의된 '군사시설'과 '부속군사시설'의 개념에서 토지와 기타 구조물을 제외한 건축물만을 의미하는 것으로 한정하여야 할 것이다.

제2장
군사시설 계획과 건설사업

제2장
군사시설 계획과 건설사업

제1절 개관

일제강점기와 광복, 정부수립과 전쟁, 휴전을 거치면서 군사시설은 특별한 법적 근거 없이 건설되고 운영되어 왔다.[1]

군사시설 계획이 도시계획과 충돌하는 일은 없었으며, 오히려 군사계획이 도시계획에 영향을 미쳤다. 1989년 국회 회의록을 살펴보면,

1 국유지에서 군사시설 건설이 특별한 법적 근거가 없었다는 의미이다. 당시에도 사인의 토지수용은 「토지수용법」에 따라 이루어졌다. 군사시설 건설에 대한 토지수용은 역사가 오래되었다. 1911년 시행된 「토지수용령」(조선총독부령)에서 "공공의 이익이 되는 사업을 위하여 필요한 때에 그 사업에 필요한 토지를 수용하거나 사용할 수 있다(제1조)"고 하고 그러한 사업에서 '국방 기타 군사에 관한 사업'을 들고 있다(제2조제1호). 이후 1962년 「토지수용법」에서도 공익사업으로 '국방, 군사에 관한 사업'을 규정하였다(제3조제1호). 2002년 「토지수용법」 및 「공공용지의취득및손실보상에관한특례법」 을 폐지하고 「공익사업을위한토지등의취득및보상에관한법률」이 제정되는데 여기에서도 가장 먼저 열거한 것이 '국방 · 군사에 관한 사업'이다(제4조제1호).

당시 국방부장관이 국회 대정부 질문에서 일산신도시 건설과 관련하여 "군사시설보호구역을 대폭 해제조치하면서 스위스식 진지건물화 개념을 적용하여 군사작전에 기여"하겠다고 하였다.[2] 1990년에는 당시 육군참모총장과 토지개발공사 사장간 「일산신도시 군사대비계획 합의각서」가 체결되었고, 육군자유로사업단이 토지개발공사 사장에게 「일산신도시 진지화 개념 설계 지침」을 보냈다는 것이 확인 되었다.[3] 이는 군 작전계획을 고려하여 도시가 설계되었다는 것을 의미하고, 이는 군사(시설) 계획이 도시계획에 반영된 것이라고 볼 수 있다.

과거 군사시설 건설사업의 경우, 별도 계획승인 및 고시 등의 절차를 거치지 않고, 각 군에서 시설사업 계획을 확정하여 착수하였다.[4] 당시에는 당연하게 여겨졌던 절차들이 1990년대 들어서면서 민주화 등의 사회적 분위기와 국민의 권리의식이 높아짐에 따라 군사계획이 도시계획에 영향을 미친 '신도시 진지화 개념 설계 지침' 등은 국회 대정부 질문에서 보고가 된 것임에도 불구하고 문제가 있는 것처럼 보도되었다.[5] 또한 군사시설 건설사업도 내부 계획으로 진행하였던 것이 문제가 되어, 국토이용계획과 마찰이 생기게 되고, 사업지역 주민들이 이주대책 등의 생활설계를 할 시간적 여유가 없어서 주민들의 집단 반발 및 토지의 매도 불응 사태가 빈발하였으며, 이와 같은 매도불응사태가 발생한 후 비로소 건설부(당시)에 사업인정신청을 하고 토지수용절차를

2 제13대 국회 제146회 제1차, "국회본회의회의록", 1989. 5. 10., 44면.

3 연합뉴스, "일산신도시 유사시 진지활용 설계", 1994. 9. 26.자; 서울신문, "일산신도시 진지화 개념 설계/유사시 군사작전 감안, 아파트 건설", 1994. 9. 27.자 지면 2면.

4 제13대 국회 제151회 제8차, "국방위원회회의록", 1990. 12. 14., 6-7면.

5 연합뉴스, 앞의 "일산신도시 유사시 진지활용 설계" 기사; 서울신문, 앞의 "일산신도시 진지화 개념 설계/유사시 군사작전 감안, 아파트 건설" 기사.

밟게 됨으로써 토지취득의 장기화 및 취득종결시기 예측 곤란 등으로 군사시설 공사의 차질과 예산의 편법집행 등의 부작용이 발생하였다고 한다.[6] 이러한 문제를 해결하기 위하여 군사시설 건설사업에 대한 법률인「국방·군사시설사업에관한법률」이 1991년 1월 14일 법률 제4319호로 제정되었다. 그런데 이 법률에서는 군사시설 계획에 대한 내용을 담고 있지 아니하여 현재까지 지방자치단체의 도시계획과 군사시설 계획 간의 충돌 내지 갈등이 벌어지고 있다.

2006년 12월 28일 군 구조를 기술집약형으로 개선·발전시키는 등의 국방개혁 추진을 위한「국방개혁에 관한 법률」이 법률 제8097호로 제정됨에 따라 국방개혁 기본계획이 수립되었다. 이 국방개혁 기본계획에 부속된 국방·군사시설 재배치 계획은 군 구조 개편에 따른 군사시설의 재배치 및 이전에 관한 내용을 담고 있고, 이에 따라 군사시설의 이전 등이 추진되고 있어 군사시설 건설사업이 종전 보다 증가하게 되었다. 군사시설 이전 등의 추진에 의한 군사시설 건설사업의 증가로 지방자치단체, 지역 주민과의 법적인 분쟁이 계속되고 있다.[7] 특히, 군사시설 건설사업 제도의 변천을 거치면서 군사시설도 일반시설과 마찬가지로 건설사업 추진시 환경영향평가를 실시하고, 이에 따라 환경영향평가 등의 절차 문제로 법적 분쟁이 증가하였는바, 이에 대한 검토의 필요성이 높아졌다.

이 장에서는 군사시설 계획과 군사시설 건설사업의 현황을 살펴보고, 이에 대한 문제점 및 개선방안을 검토하였다.

6 제13대 국회 제151회 제8차, "국방위원회회의록", 1990. 12. 14., 6-7면.

7 뒤에서 살펴보겠지만 전주 35사단 이전 사건이 대표적이다.

제2절 군사시설 계획

Ⅰ. 국토계획과 군사시설 계획

1960년대 「국토건설종합계획법」, 「도시계획법」, 「국토이용관리법」이 제정되면서 우리나라 국토계획의 근간을 구축하였다. 이후 2002년 「도시계획법」과 「국토이용관리법」을 통합하면서 「국토의 계획 및 이용에 관한 법률」로 제정되었고, 2003년 3월에는 「국토건설종합계획법」을 대신하여 「국토기본법」이 제정되었다.

「국토기본법」에서는 국토계획을 "국토를 이용 · 개발 및 보전할 때 미래의 경제적 · 사회적 변동에 대응하여 국토가 지향하여야 할 발전 방향을 설정하고 이를 달성하기 위한 계획"이라고 정의하면서, 그 종류로 국토 전역을 대상으로 하여 국토의 장기적인 발전방향을 제시하는 종합계획인 '국토종합계획', 도 또는 특별자치도의 관할구역을 대상으로 하여 해당 지역의 장기적인 발전 방향을 제시하는 종합계획인 '도종합계획', 특별시 · 광역시 · 시 또는 군의 관할구역을 대상으로 하여 「국토의 계획 및 이용에 관한 법률」에 따라 수립되는 '도시 · 군 계획', 특정 지역을 대상으로 특별한 정책목적을 달성하기 위하여 수립하는 '지역계획', 국토 전역을 대상으로 하여 특정 부문에 대한 장기적인 발전 방향을 제시하는 '부문별계획'으로 구분하고 있다(국토기본법 제6조).

군사시설 계획은 군사시설이라는 특정 부문에 대한 계획으로 성질상 부문별계획으로 볼 수 있는데, 「국토기본법」 제8조에서는 "이 법에 따른 국토종합계획은 다른 법령에 따라 수립되는 국토에 관한 계획에 우선하며 그 기본이 된다. 다만, 군사에 관한 계획에 대하여는 그러하지 아니하다."라고 하고 있다. 「국토기본법」의 전신인 「국토건설종합계획법」(1963. 10. 14. 제정, 법률 제1415호)에서는 "이 법에 의한 국토계획은 다른 법령에 의한 건설계획에 우선하며, 그의 기본이 된다. 다만, 군사에 관한 건설계획에 대하여는 예외로 한다(제5조)."라고 하여 이 법에 의한 국토계획은 다른 법령에 의한 건설계획에 우선하고 타 계획의 기본이 되도록 하면서도, 군사에 관한 건설계획에는 우선하지 않도록 규정하고 있었다. 이러한 법률의 연혁을 고려해 볼 때, 현행 「국토기본법」상의 '군사에 관한 계획'은 군사시설에 대한 계획으로 보는 것이 타당할 것이다. 결국 군사(시설)계획은 국토종합계획 보다 우선한다는 것을 의미한다.

Ⅱ. 군사시설 계획

1. 국방개혁 기본계획 및 국방·군사시설 재배치 계획

군사시설 계획에 대한 법령이나 관련법상의 조항은 찾아볼 수 없다. 다만, 「국방개혁에 관한 법률」에 따른 국방개혁 기본계획 속에 군사시설에 대한 계획이 포함되어 있다.

군사시설 계획은 「국방개혁에 관한 법률」에 근거하여 수립되는 국방개혁 기본계획의 영향을 받는다. 국방개혁은 미래에 예상되는 국가안전보장과 관련된 국내외 환경에 능동적으로 대처할 수 있도록 국방정책을 추진하면서 문민기반을 확대하고, 현대전의 양상을 고려하여 합동참모본부의 기능을 강화하는 동시에 육군 · 해군 · 공군을 균형 있게 발전시키며, 군 구조를 기술집약형으로 개선 · 발전시키고, 사회변화에 부합하는 새로운 병영문화를 정착시킴으로써 국민과 함께하는 선진 정예강군을 육성하려는 목적을 가지고 있다.[8] 국방개혁을 위하여 기본계획을 수립하는데, 매 5년마다 국방개혁 추진실적을 분석 및 평가하여 국방개혁 기본계획에 반영하도록 하고 있으나 실제로는 2005년 12월, 2009년 6월, 2012년 8월, 2014년 3월 등 매 2-3년 주기로 보완하고 있다.[9]

현재 국방개혁 기본계획(2014-2030)은 2014년 3월에 수립된 것으로, 군사시설과 관련하여 군사시설의 재배치에 대한 내용을 담고 있다. 군사시설 재배치 계획의 주요내용으로는 ① 현재 소규모로 분산된 군사시설(병영시설, 훈련장, 숙소 등)을 작전 계획과 지역 특성을 고려하여 통합 · 재배치하는 것과 ② 현대화된 시설을 최대한 활용하고, 새로운 부지매입을 최소화하여 예산 절감과 민원해소 및 지역발전에 기여한다는 것이다.[10]

2. 군사시설 종합발전 계획과 세부발전 계획

국방개혁에서 추진하고 있는 군사시설의 통합 및 재배치와 민원해소 및 지역발전의 기여를 위하여, 국방부, 합참, 육 · 해 · 공군 등이 참

---

8 「국방개혁에 관한 법률」(2006. 12. 28. 제정, 법률 제8097호) 제정 이유 참조.

9 국방부 홈페이지, 국방정책-국방개혁-국방개혁 기본개혁 수립, (http://www.mnd.go.kr/mbshome/mbs/mnd/subview.jsp?id=mnd_010502000000, 최종방문일 : 2018. 5. 27.).

10 국방부 홈페이지, 국방개혁 기본계획 2014-2030, 2014, 전자책자료 31면, (http://ebook.mnd.go.kr/src/viewer/main.php?host=main&site=20140612_105453, 최종방문일 : 2016. 7. 27.).

석하는 정책회의를 통하여 '군사시설 종합발전 계획'을 수립하고 있다. 군사시설 종합발전 계획은 군 작전 및 비용효율성, 지역사회 영향 등의 선정기준을 마련하고 사전 전수조사를 실시하여 2020년까지 중 · 장기 이전사업 프로그램을 마련, 연차적으로 추진하는 것을 주요 내용으로 하고 있다.[11]

이러한 종합발전 계획에 따라 2년마다 이전부지 확보 및 부대 재배치를 위한 '군사시설 세부발전 계획'을 수립하는데, 세부발전 계획은 이전대상별 사업평가분석을 하고, 국방부내 설치되는 군사시설 이전사업 심의위원회의 심의를 거쳐 결정된다.[12]

<표-1> 군사시설 종합발전 계획과 세부발전 계획

구 분	군사시설 종합발전 계획	군사시설 세부발전 계획
수립자	국방부장관	국방부장관
특 징	장기계획(2010-2020)	개발계획(2년마다 수립)
주 요 내 용	군사시설 재배치 계획에 따른 이전사업의 대략적인 사항	2년이내 소요사업에 대한 구체적인 사업계획
심 의 위원회	정책회의	군사시설이전사업 심의위원회 (위원장 : 국방부차관)
관계자	국방부, 합참, 각 군	관련부처(국장) 위원 참석

자료 : 국방부 등, 군사시설 관리·이전 효율화방안, 제18차 국가경쟁력강화위원회, 2009. 10., 12면.

11 국방부 등, "군사시설 관리 · 이전 효율화방안", 제18차 국가경쟁력강화위원회, 2009. 10., 12면; 최주영 · 심교언 · 조경훈, 국방 · 군사시설계획과 국토 · 도시계획의 연계방안, 국방부 연구용역보고서, 대한국토 · 도시계획학회, 2015. 12., 47면.

12 국방부 등, "군사시설 관리 · 이전 효율화방안", 제18차 국가경쟁력강화위원회, 2009. 10., 12면; 최주영 · 심교언 · 조경훈, 국방 · 군사시설계획과 국토 · 도시계획의 연계방안, 국방부 연구용역보고서, 대한국토 · 도시계획학회, 2015. 12., 47면.

3. 국방·군사시설 계획

개별 군사시설 건설에 관한 계획으로 「국방 · 군사시설 사업에 관한 법률」에 따른 국방 · 군사시설 사업계획과 국방 · 군사시설 실시계획이 있다. 국방 · 군사시설 사업계획은 계획이 승인될 경우 「공익사업을 위한 토지 등의 취득 및 보상에 관한 법률」의 사업인정과 같은 효력을 가지며 토지를 수용 및 사용할 수 있다. 국방 · 군사시설 실시계획의 승인은 구체적인 건설사업 계획이 결정되는 것으로 각종 인가와 허가가 의제되는 효과를 가진다. 이상의 두 계획의 승인 및 고시는 처분성을 갖는다고 할 것이다.[13]

제3절 군사시설 건설사업

Ⅰ. 군사시설 건설사업

1. 군사시설 건설사업의 개념

먼저 국방 · 군사시설 건설사업이란 「국방 · 군사시설 사업에 관한 법률」 제2조제2호에서 다음의 각 목에 어느 하나에 해당하는 사업을 말한다고 하고, 가목은 '국방 · 군사시설의 설치 · 이전 및 변경에 관한

13 두 계획에 관해서는 군사시설 건설사업을 다룰 때 자세히 검토한다.

사업'을 규정하고 있으며, 나목에서는 '국방 · 군사시설 또는 가목의 사업으로 인하여 이주하게 되는 이주민의 이주대책사업'을 규정하고 있다. 이를 해석하면 ① 국방 · 군사시설의 설치 · 이전 및 변경에 관한 사업, ② 국방 · 군사시설로 인하여 이주하게 되는 이주민의 이주대책사업 ③ 국방 · 군사시설의 설치 · 이전 및 변경에 관한 사업으로 인하여 이주하게 되는 이주민의 이주대책사업으로 구분할 수 있다. 통상 국방 · 군사시설 사업을 ①과 ③의 의미로 말하고 있지만,[14] 법률 문언 해석으로 볼 때, 국방 · 군사시설의 설치 · 이전 및 변경 사업이 없어도 국방 · 군사시설 운영으로 인하여 이주하게 될 경우, 이주민의 이주대책사업도 국방 · 군사시설 사업으로 보아야 할 것이다.[15]

군 공항[16] 이전사업의 경우에도 「국방 · 군사시설 사업에 관한 법률」에 따라 건설사업 절차가 진행된다.[17] 그러나 부지 선정에 대해서는 별도의 법률인 「군 공항 이전 및 지원에 관한 특별법」에서 규정되어 있다. 제정 이유에서는 명시하고 있지 아니하지만, 군 공항 입지 등으로

14 강한구, "국방군사시설사업의 효율적 추진방안", 2015-2019년 국가재정운용계획 : 국방 분야 보고서, 한국개발연구원, 2015, 146면.

15 예를 들어 「군사기지 및 군사시설 보호법」 상의 군사시설 또는 군사기지 중 다수는 국방 · 군사시설에 해당하는데, 「군사기지 및 군사시설 보호법」 상의 보호구역 등으로 인하여 주민이 이주하여야 될 필요성으로 이에 관한 사업을 진행하고자 할 때에는 「국방 · 군사시설 사업에 관한 법률」에서 정의하는 국방 · 군사시설 사업에 해당된다는 것이다.

16 여기에서 군 공항은 「군사기지 및 군사시설 보호법」 제2조제4호가목에서 말하는 항공작전의 근거지로 군의 전술항공기를 운용할 수 있는 전술항공작전기지이다. 「군사기지 및 군사시설 보호법 시행령」 별표 2, 1. 전술항공작전기지가. K - 1 부산광역시 강서구, 나. K - 2 대구광역시 동구, 다. K - 3 경상북도 포항시, 라. K - 4 경상남도 사천시, 마. K - 6 경기도 평택시, 바. K - 8 전라북도 군산시, 사. K - 13 경기도 수원시, 아. K - 16 경기도 성남시, 자. K - 18 강원도 강릉시, 차. K - 46 강원도 원주시, 카. K - 55 경기도 평택시, 타. K - 57 광주광역시 광산구, 파. K - 58 경상북도 예천군, 하. K - 59 충청북도 청원군, 거. K - 75 충청북도 충주시, 너. K - 76 충청남도 서산시.

17 물론 부지 선정 이후 계획수립, 사업 시행 등의 절차는 「국방 · 군사시설 사업에 관한 법률」의 절차가 적용된다(군 공항 이전 및 지원에 관한 특별법 제9조제5항).

인한 갈등을 사전에 예방하기 위하여 군 공항 입지 선정에 대한 특별한 규정을 마련한 것으로 보인다. 또한 위 특별법에서는 군 공항 이전 주변지역에 대한 지원사업도 아울러 규정하고 있다.

좁은 의미에서 국방·군사시설 건설사업은 국방·군사시설의 설치·이전 및 변경에 관한 사업을 의미하고, 넓은 의미에서는 국방·군사시설 사업이나 국방·군사시설로 인한 이주대책사업, 군 공항 이전 주변지역 지원사업 등이 포함될 것이다.

2. 군사시설 건설사업의 방식

군사시설 건설사업의 사업방식으로 국유지에서의 사업, 토지매수 및 수용을 통한 사업, 기부 대 양여를 통한 방식으로 구분할 수 있다. 국유지에서의 사업과 토지매수 및 수용을 통한 사업은 예산에 따라 달리 구분할 수 있다. 즉, 일반회계에 따른 군사시설 사업이 있을 수 있고, 국방·군사시설 사업 중에 이전 사업[18]은 「국방·군사시설이전 특별회계법」에 따라 특별회계로 추진된다. 국유지에서의 건설사업은 토지매수 및 수용, 사용 등이 불필요한 사업을 의미한다. 토지매수 및 수용을 통한 사업은 주로 국방·군사시설의 노후화 문제를 개선하고, 군의 전력을 보강하기 위하여 사업에 필요한 토지를 매수 또는 수용을 통해 취득하여 사업을 추진하는 방식이다.[19] 기부 대 양여 방식은 사업

18 기존의 국방·군사시설을 다른 장소로 이전하거나 2개 이상의 지역에 위치한 국방·군사시설을 통합하고 조정하기 위하여 필요한 시설을 확보하는 사업을 말한다(국방·군사시설이전 특별회계법 제2조제4호).

19 최혁재·이환성·김영일, "국방·군사 시설사업의 현안과제", 의정논총 제3권 제2호, 한국의정연구회, 2008, 88면.

시행자가 국방·군사시설의 이전을 위해 새로 대체시설을 설치하여 국가에 기부하고, 국가는 대체시설 기부자에게 용도 폐지된 종전시설을 양여하는 방식을 말한다(국방·군사시설 사업에 관한 법률 제12조). 주로 주거단지·산업단지 조성 등 도시 및 지역 개발을 위한 지방자치단체의 요구에 따라서 군사시설 이전이 기부 대 양여 방식으로 추진된다.[20] 특히 군 공항 이전사업은 사업방식을 기부 대 양여 사업의 단일 방식으로 추진하도록 하고 있다(군 공항 이전 및 지원에 관한 특별법 제9조).

20 최혁재·이환성·김영일, "국방·군사 시설사업의 현안과제", 의정논총 제3권 제2호, 한국의정연구회, 2008, 89면.

<표-2> 군사시설 건설 방식의 비교

구분	재정사업(토지매수 · 수용)	기부 대 양여 방식
근거법률	국방 · 군사시설이전 특별회계법	국방 · 군사시설 사업에 관한 법률
목적	국방 · 군사시설의 현대화	주거단지 · 산업단지 조성 등 도시 및 지역개발
추진주체	국방부	지방자치단체 · 공기업 등
사업재원	국고부담 (군사시설이전 특별회계)	사업시행자 부담 (종전부지 개발이익 등으로 충당)
추진실적	42건(2004~2008) 1조 5,440억원	53건(2004~2008) 4조 4,322억원(기부재산)
추진 절차	사업 소요 제기 (각군→국방부) ↓ 중기계획반영 (국방부) ↓ 이전사업계획 승인건의 (각군→국방부) ←↓ 관련부서 검토의견 수렴 정책(실무)회의 (국방부) ↓ 이전사업계획 승인 (국방부→각군) ↓ 이전시설 건설 (각군) ↓ 부대이전	사업 소요 제기 (기부자 → 각군 → 국방부) ↓ 사업계획 · 합의각서(안) 작성 (각군 ↔ 기부자) ↓ 국유재산관리계획 사전협의 (국방부 ↔ 재정부) ↓ 사업계획□합의각서 승인 (국방부) ↓ 합의각서 체결 (각군 ↔ 기부자) ↓ → 대체시설 조성 (기부자) ← 대체시설 기부채납 (기부자) — 기부 / 양여 — 군 재산 양여 (각군)

자료 : 국방부 등, 군사시설 관리「이전 효율화방안, 제18차 국가경쟁력강화위원회, 2009. 10., 4면.

Ⅱ. 군사시설 부지의 선정

1. 군사시설 부지 선정

군사시설 건설사업에서 부지 선정에 관한 특별한 선정절차는 마련되어 있지 아니하고, 국방부 내부의 공간계획(국방 · 군사시설 재배치 계획, 군사시설 종합발전 계획, 군사시설 세부발전 계획) 등에 따라 정하여진 부지가 국방 · 군사시설 사업계획을 통하여 구체화된다.

기부 대 양여 사업은 기부하는 부지에 입지하는 것이므로 부지 선정에 대한 법령상의 특별한 절차는 없고, 「국방부 대체시설 기부채납에 따른 양여사업 훈령」에 따른 절차로 진행된다. 이 훈령에 따르면 부지 선정에서 중점적으로 고려하는 것은 기부시설(부지)과 양여시설(부지)의 기능대체성(대체가능성)이다.[21]

---

21 기부 대 양여 사업 추진시 대체시설의 기능대체성 판단 기준을 마련하고 있는데, 이를 살펴보면 공간적인 위치보다는 군사시설의 기능에 중점을 두고 판단하는 것으로 보인다. 「국방부 대체시설 기부채납에 따른 양여사업 훈령」 별표 1 대체시설 기능대체성 판단 기준 (제8조제2항 관련)① 대체시설의 기능대체성은 대체시설이 「국방 · 군사시설 사업에 관한 법률」에 따른 국방 · 군사시설에 해당하고 종전부지에 있는 기존시설의 기능을 대체하는 범위에서 인정된다.② 양여재산이 국방부 이전협의 진행 통보 시점을 기준으로 유휴시설인 경우 기능대체가 불필요한 것으로 판단한다. ③ 종전부지에 없는 시설이더라도 다음 각 호의 요건을 충족하고 국방부 장관이 승인하는 경우 기능대체성을 인정한다. 1. 국방부 이전협의 진행통보 전 국방 계획에 의해 건축이 예정되어 있는 시설 가. 국방 중기계획 또는 예산에 반영되어 있는 시설 나. 부대임무 개편 계획에 따라 반영이 예정된 시설 2. 작전상 필요한 시설 가. 경계 범위 변경으로 시설의 변경 또는 추가 등이 필요한 경우 나. 군 작전상 반드시 필요한 시설인 경우 다. 공익사업 시행지역에 인접한 작전시설의 기능이 명백히 상실되어 해당 작전시설을 대체하는 시설을 설치하는 경우 3. 민원해결을 위해 필요한 시설 가. 민원 해결과 관련성이 높거나 갈등 해소를 위해 중요한 시설 나. 민원해소를 위해 기존 시설의 재배치가 필요한 경우. 단, 민원은 소음 또는 보호구역과 관련된 민원으로 한정한다. 4. 기존 군부대 내로 이전함에 따라 부지 면적상 기존 시설에 신규 시설을 통합하여 건축이 필요하여 불가피하게 철거되는 기존 주둔 부대시설 5. 기부채납 받는 시설의 부대시설인 경우 대체시설을 사용하기 위해 반드시 필요한 시설 6. 국방 · 군사시설기준이 변경되어 추가적으로 필요한 시설④ 안전거리 위반 등의 사유로 대

2. 군 공항 이전부지 선정

군 공항 이전 사업은 먼저 군 공항이 기존에 설치되어 있는 부지(종전부지)에서 군 공항이 이전되어 설치될 부지(이전부지)로 군 공항을 이전하는 사업으로 이전부지의 선정과 군 공항 및 부대시설 건설이 주된 내용이다.[22] 군 공항 이전 사업은 이전부지 선정 및 확보 과정에서 공정성 시비, 주민반대, 토지보상 문제 등 다양한 사회적 분쟁이 나타나고 있어 이에 대한 대비가 필요하고, 이전되는 군 공항 및 관련 시설의 성능(항공작전능력 및 대공방어능력 등)을 종전의 군 공항과 비교하여 같은 수준 이상으로 향상시키기 위해 이전 사업 시행자와 국방부, 해당 군의 지속적인 협의가 수행되어야 하는 중요한 사업이다.[23]

한편 군 공항 이전 사업은 국방사무이며 국가사무이다. 따라서 국가사무인 군 공항 이전 사업이 지방자치단체의 의사를 고려하지 않고 진행된다고 하더라도 지방자치단체의 자치권한을 침해하였다고 보기 어렵다. 그러나 군 공항 이전 사업은 지방자치단체의 참여를 보장하여 군 공항 이전 사업이 민주적인 절차로 진행될 수 있도록 하고 있다.[24]

체시설 설치를 위해 이전예정지에 설치된 시설의 이동이 필요한 경우, 기존시설 이전에 대한 기능대체성을 인정한다.

22 심교언 · 이상경 · 조경훈 등 5인, "군 공항 이전사업 이해와 과제", 도시정보 NO396, 대한국토 · 도시계획학회, 2015. 3., 5면.

23 심교언 · 이상경 · 조경훈 등 5인, "군 공항 이전사업 이해와 과제", 도시정보 NO396, 대한국토 · 도시계획학회, 2015. 3., 5면.

24 「군 공항 이전 및 지원에 관한 특별법」 제4조에 따라 이전부지의 선정절차는 종전부지 지방자치단체의 장의 이전건의에 따라 진행된다. 또한 제6조에서 규정한 군 공항 이전부지 선정위원회의 위원으로 종전부지 지방자치단체의 장과 예비이전후보지를 포함한 이전주변지역 지방자치단체의 장이 포함된다. 제8조에서 이전부지를 선정할 때, 지방자치단체의 장이 군 공항 이전 유치를 신청하도록 하고 있다.

군 공항 이전 사업에서 이전부지의 선정은 "종전부지 지방자치단체의 장의 군 공항 이전건의 → 예비이전후보지 선정 → 이전후보지 선정(군 공항 이전부지 선정위원회) → 이전부지 선정 계획의 수립 및 공고 → 지방자치단체의 주민투표 및 유치신청 → 이전부지 선정"의 단계를 거친다.[25]

<표-3> 군 공항 부지선정 절차

군 공항 이전건의
(종전부지 지방자치단체의 장→국방부장관)

↓

이전건의 평가 및 예비이전후보지 선정
(국방부장관, 관계 지방자치단체의 장과의 협의)

↓

이전후보지 선정
(군 공항 이전부지 선정위원회의 심의)

↓

이전부지 선정 계획의 수립 및 공고(국방부장관)

↓

지방자치단체의 주민투표 및 유치신청
(이전후보지 지방자치단체의 장→국방부장관)

↓

이전부지 선정
(군 공항 이전부지 선정위원회의 심의)

25 「군 공항 이전 및 지원에 관한 특별법」 제2장 이전부지의 선정을 참조.

(1) 이전건의

종전부지의 지방자치단체의 장은 군 공항을 이전하고자 하는 경우, 종전부지의 활용방안, 사업의 시행방법과 소요재원 및 재원조달 계획, 주민 및 지방의회의 의견수렴 결과를 포함한 이전건의서를 작성하여 국방부장관에게 이전을 건의할 수 있다(군 공항 이전 및 지원에 관한 특별법 제4조).

여기에서 종전부지의 지방자치단체는 군 공항이 소재하는 부지(종전부지)를 관할하는 지방자치단체를 의미하고, 만일 종전부지가 복수의 지방자치단체의 관할에 있다면 해당 지방자치단체 모두가 이전을 건의할 수 있는 권리를 갖게 된다.[26] 그런데 종전부지가 복수의 지방자치단체의 관할에 있는 경우, 이전건의를 공동으로 하여야 하는지 단독으로 이전건의가 가능한지 문제가 된다.

복수 지방자치단체 관할의 종전부지에 대한 이전건의권과 관련하여 다음과 같은 사례가 있다. 「군사기지 및 군사시설 보호법 시행령」 별표 2에서 규정한 K-13 항공작전기지의 경우 주된 소재가 경기도 수원시에 있지만, 탄약고 부지 일부는 경기도 화성시의 관할이다. K-13 항공작전기지의 이전과 관련하여 수원시가 단독으로 행한 이전건의에 대하여 화성시가 국방부장관을 상대로 자치권한 및 군 공항 이전건의권을 침해하였다고 하여 권한쟁의를 청구한 사건이 있었다.[27] 헌법재

---

26 헌법재판소 2017. 12. 28. 선고 2017헌라2 결정.

27 사실관계는 다음과 같다. 헌법재판소의 결정문에 따르면 "수원 군 공항(6,294,141㎡, 이하 "이 사건 공항"이라 한다)은 1954. 10.경 수원시 권선구 장지동 99번지 일원에 설치되어 현재 공군 제10전투비행단이 주둔하고 있다. 이 공항은 화성시 배양동 4-126에 있는 탄약고 시설 부지(1,073,049㎡, 이하 "이 사건 탄약고부지"라 한다)와 수원시 권선구 장지동 99 및 같은 구 권선동 235에 있는 비행장 부지, 체력단련장 부지 등(5,221,092㎡, 이하 "이 사건 비행장 등 부지"라 한다)으로 구성되어 있다. 수원시장은 2014. 3. 20. '군 공항 이전 및 지원에 관한 특별법'(이하

판소는 "이전건의권의 법적 성격에 비추어 보면, 모든 종전부지 지방자치단체의 장이 이전건의권을 함께 행사하여야 하는 것은 아니다."라고 하고, "복수의 종전부지 지방자치단체의 장이 있는 경우 각 지방자치단체는 자신의 이익을 고려하여 이전건의권을 단독으로 행사할지 공동으로 행사할지를 결정할 수 있다."라고 하였다.[28] 또한 헌법재판소는 화성시가 "이 사건 처분으로 인하여 이전건의권을 행사하지 못한 것이 아니라, 수원시와 공동으로 또는 단독으로 이전건의권을 행사할 수 있었음에도 스스로 행사하지 않았다."라고 하고, "수원시장의 이전건의권 행사를 근거로 이 사건 처분이 내려진 것이더라도 청구인의 이전건의권이 침해되거나 침해될 현저한 위험이 있다고 볼 수 없고, 청구인은 여전히 자신의 이전건의권을 행사할 수 있다."라고 판단하였다.[29] 이 결정에 따르면 종전부지가 복수의 지방자치단체의 관할에 있

"군공항이전법"이라 한다) 제4조제1항에 따라 국방부장관에게 이 사건 공항의 이전을 건의하였다(이하 "이 사건 최초건의"라 한다). 위 건의는 수원시가 관할하는 지역에 있는 이 사건 비행장 등 부지만을 대상으로 했으며, 화성시가 관할하는 지역에 있는 이 사건 탄약고부지는 제외하였다. 수원시장은 이후 국방부의 보완요청 등에 따라 2014. 12. 3. 이 사건 탄약고부지도 이전대상에 포함하는 내용으로 다시 건의하였다(이하 "이 사건 수정건의"라 한다). 화성시는 수원시로부터 이 사건 수정건의에 이 사건 탄약고부지가 포함된 것과 관련된 의견회신 요청을 받고 2015. 1. 14. 이에 대해서는 동의한다는 의견을 회신하였다. 그러나 다시 국방부장관이 2015. 1. 26. 화성시에게 이 사건 수정건의의 내용에 대한 동의여부 회신을 요청한 것에 대해, 화성시는 2015. 1. 30. 부동의 의견을 회신하였다. 수원시장은 2015. 3. 20. 탄약고부지를 제외하는 내용으로 이 사건 공항 이전을 다시 건의하였고(이하 "이 사건 최종건의"라 한다), 국방부장관은 2015. 6. 4. 이를 승인한 후 이 사건 공항 이전을 계속 추진하였다. 화성시는 이 사건 공항을 이전하는 것에 대해서는 찬성하나, 화성시 관할 내로 이전하는 것은 반대한다는 입장이다. 국방부장관은 이 사건 최종건의에 기초해 군공항이전법 제4조제2항에 따라 2017. 2. 16. 화성시 우정읍에 있는 화옹지구일대를 이 사건 공항의 예비이전후보지로 선정하고(이하 "이 사건 처분"이라 한다) 수원시 및 청구인 등에 이를 통보하였다. 이에 화성시는 2017. 4. 14. 이 사건 처분에 대한 무효 확인 또는 취소를 구하는 이 사건 권한쟁의심판을 청구하였다."라고 한다 (헌법재판소 2017. 12. 28. 선고 2017헌라2 결정).

28 헌법재판소 2017. 12. 28. 선고 2017헌라2 결정.

29 헌법재판소 2017. 12. 28. 선고 2017헌라2 결정.

는 경우, 이전건의권을 공동으로 행사할 수도 있고, 하나의 지방자치단체가 자신의 구역에 해당하는 부지에 대한 이전건의권을 단독으로 행사할 수 있다고 할 것이다.

이전건의권은 국가권한의 행사를 촉구하고 그에 대한 국방부장관의 검토 결과를 통보받을 수 있는 권한에 불과한 것이지만, 종전부지 지방자치단체가 군 공항 이전 절차에 주도적으로 참여한다는데 그 의미가 있다고 볼 것이다.[30]

(2) 이전건의 평가

군 공항 이전건의를 받은 국방부장관은 이전건의서의 타당성을 검토한 후 그 결과를 종전부지 지방자치단체의 장에게 통보하여야 한다(군 공항 이전 및 지원에 관한 특별법 시행령 제4조제2항).

이전건의서의 타당성 검토(평가)를 위하여 「군공항이전사업단 자문위원 운영 및 이전건의서 평가 훈령」에 그 세부사항을 규정하고 있다. 이 훈령에서는 자문위원, 사업추진 협의체,[31] 이전건의서 평가에 대한 내용을 담고 있다. 먼저 군 공항 이전 사업단 자문위원을 살펴보면, ① 도시계획 분야, ② 건축 및 건설 분야, ③ 교통 및 환경 분야, ④ 부동산 및 감정평가 분야, ⑤ 재무회계 및 금융 분야, ⑥ 공항시설을 포함한 군사시설 및 작전분야, ⑦ 행정협상 및 갈등관리 분야의 전문가 등을 신

30 헌법재판소 2017. 12. 28. 선고 2017헌라2 결정.

31 국방부장관(군공항이전사업단장)은 이전건의서의 수정 · 보완, 사업추진 및 갈등관리(홍보에 관한 사항 포함) 등을 위해 국방부, 해당 군, 종전부지 지방자치단체로 구성된 협의체를 구성하고, 이전건의서 수정 및 보완에 필요한 사항, 사업추진 및 갈등관리를 위한 사항 등을 협의하도록 하는데(제10조), 해당 협의체는 군 공항 이전에 있어서 주요한 결정 등을 하는 것은 아니고 다만 문구 그대로 협의만을 할 뿐이다.

원조사를 거쳐 국방부장관이 위촉하도록 하고 있다(훈령 제4조). 이러한 자문위원 중 일부를 이전건의서 평가를 담당하는 위원으로 선발하여 이전건의서를 평가하고 있다. 이전건의 평가는 법령에서 정한 절차이므로 국방부장관이 이전건의 평가를 하여야 하지만, 그 평가방법은 행정규칙인 훈령에서 정하고 있기 때문에 평가위원회의 평가 등을 거치지 아니하였거나 평가위원회의 절차 등에 문제가 있다고 하여도 그 훈령이 상위 법령과 결합하여 법령보충적 규칙의 지위를 갖지 않는 한, 위법이 되지는 아니할 것이고, 사법심사의 대상도 될 수 없다고 할 것이다.

(3) 예비이전후보지 선정

군사작전 및 군 공항 입지의 적합성 등을 고려하여 일정한 요건이 충족되는 경우[32] 국방부장관은 군 공항 예비이전후보지를 선정할 수 있다. 선정하는 과정에서 국방부장관은 전문기관에 조사나 연구를 의뢰할 수 있다(군 공항 이전 및 지원에 관한 특별법 시행령 제5조제2항). 국방부장관

---

32 「군 공항 이전 및 지원에 관한 특별법 시행령」 별표

군 공항 예비이전후보지 선정 요건(제5조제1항 관련)

구분	선정 요건
군사 작전 적합성	1. 군 공항을 이전하기 전과 같은 수준 이상의 항공작전운용이 가능할 것 2. 전방위 항공작전 수행이 가능하며 균형적인 전력 배치가 가능할 것 3. 「군용항공기 운용 등에 관한 법률」 제3조에 따른 비행기준 · 절차 · 방식 등의 준수가 가능할 것 4. 다른 공항의 공역(空域)과 중복되지 않을 것. 다만, 공역이 중복되더라도 관계 기관과 공동사용에 관한 합의가 가능한 경우에는 그러하지 아니하다. 5. 「군사기지 및 군사시설 보호법」 제10조에 따른 비행안전구역에서의 행위제한 등의 적용이 용이하고, 장애물로 인하여 비행안전에 지장이 없을 것 6. 바람, 안개, 강우 등 계절별 기상조건이 군사작전 수행 및 비행안전에 적합할 것

이 예비이전후보지를 선정하는 경우 관계 지방자치단체의 장과 협의하고 선정 결과를 통보한다(군 공항 이전 및 지원에 관한 특별법 제4조). 여기에서 말하는 관계 지방자치단체의 장은 주로 예비이전후보지를 관할하는 지방자치단체의 장이라고 할 것이다.[33] 예비이전후보지 선정에서의 협의는 동의를 요하는 것은 아니기 때문에 지방자치단체의 장이 거부한다고 하더라도 협의 절차만 거칠 경우에는 위법하지 아니하다고 할 것이다.

(4) 이전후보지 선정

예비 후보지의 경우는 국방부장관이 결정할 수 있지만, 군 공항 이전후보지는 예비이전후보지 중에서 군 공항 이전부지 선정위원회의 심의를 거쳐 선정한다(군 공항 이전 및 지원에 관한 특별법 제5조). 군 공항 이전부지 선정위원회는 당연직 위원을 포함하여 20인 이내로 구성한다. 이때 종전부지 지방자치단체의 장과 예비이전후보지를 포함한 이전주변지역 지방자치단체의 장, 종전부지 및 이전주변지역 관할 광역지방자치단체의 장(특별시장 · 광역시장 또는 도지사)은 당연직 위원으로 참여하여 지

공항 입지 적합성	1. 소음피해 인구수와 소음보상 및 소음대책사업 등에 따른 비용이 감소될 수 있을 것 2. 정부 및 지방자치단체가 고시한 개발계획에 포함되지 않거나 해제 · 변경이 가능할 것 3. 시공성 · 토공량(土工量) 등을 고려하여 지형이 공항입지로 적합할 것 4. 전력, 상하수도, 가스 등 기반시설의 공급이 용이할 것 5. 철도, 도로, 항만 등과 연결이 용이할 것 6. 국가지정문화재 · 천연기념물 등의 보존이 가능할 것 7. 향후 군 공항의 확장이 가능할 것

33 관계 지방자치단체의 장의 경우, 특정된 것이 아니기 때문에 종전부지의 지방자치단체의 장을 포함하여 예비이전후보지 선정과 관련 있는 어떤 지방자치단체의 장과도 협의 할 수 있을 것이다.

역적 이해관계를 사전에 조율하도록 하는데, 위촉위원은 국방부장관이 위촉할 수 있도록 하고 있어 위원회 구성에서 국방부장관의 재량이 크다고 할 수 있다.[34] 군 공항 이전부지 선정위원회는 법령에 근거하여 구성되고 의결하는 조직으로 법령에 따른 심의 절차를 위반하였을 경우 위법이 된다.

(5) 이전부지 선정

군 공항 이전부지 선정위원회의 심의를 거쳐 선정된 이전후보지 중 이전부지를 선정하기 위하여 국방부장관은 이전후보지 및 이전 주변지역 지원방안 및 이전부지 선정절차와 기준, 이전 주변지역 지원계획이 포함된 이전부지 선정계획을 수립·공고한다(군 공항 이전 및 지원에 관한 특별법 제7조).

국방부장관은 이전부지 선정계획이 공고된 이전후보지 지방자치단체[35]의 장에게 주민투표를 요구할 수 있다. 여기에서 국방부장관이 지방자치단체의 장에게 주민투표를 요구하는 것은 재량이라고 볼 수 있다. 따라서 반드시 주민투표를 거치도록 요구하지 않을 수 있다.

주민투표를 거친 경우 지방자치단체의 장은 주민투표 결과를 충실히 반영하여 국방부장관에게 군 공항 이전 유치를 신청한다(군 공항 이

---

34 「군 공항 이전 및 지원에 관한 특별법」 제6조제2항에서 규정한 당연직 위원은 기획재정부차관, 국토교통부차관과 종전부지 지방자치단체의 장, 예비이전후보지를 포함한 이전주변지역 지방자치단체의 장, 종전부지 및 이전주변지역을 관할하는 특별시장·광역시장 또는 도지사이다.

35 여기에 이전 주변지역 지방자치단체는 포함되지 않는다. 법령에서 명확하게 이전부지와 이전 주변지역 지방자치단체를 구분하여 규정하고 있기 때문이다(군 공항 이전 및 지원에 관한 특별법 제2조제7호). 법제처의 법령해석도 같은 의견이다. 법제처, 법령해석, 국방부 - 국방부장관이 주민투표를 요구할 수 있는 이전후보지 지방자치단체의 장의 범위 등(「군 공항 이전 및 지원에 관한 특별법」 제8조제1항 등 관련), 안건번호 17-0348, 2017. 8. 8.

전 및 지원에 관한 특별법 제8조제2항). 이러한 절차를 거쳐 유치를 신청한 지방자치단체 중에서 국방부장관은 선정위원회의 심의를 거쳐 이전부지를 선정한다(군 공항 이전 및 지원에 관한 특별법 제8조제3항). 이전후보지 지방자치단체의 유치 신청의 경우에도 재량으로 보아야 할 것이다. 다만, 법문에서 "유치를 신청한 지방자치단체 중에서" 이전부지를 선정한다고 규정하였기 때문에 이전후보지 지방자치단체의 유치 신청이 없다면 이전부지로 선정할 수 없다고 보아야 한다.[36]

국방부장관이 지방자치단체의 장에게 주민투표를 요구하는 것은 재량이지만, 만일 국방부장관이 지방자치단체의 장에게 주민투표를 요구하였을 경우에는 "주민투표 결과를 충실히 반영"하라는 법문상의 규정에 따라 지방자치단체에서 반드시 주민투표를 거쳐야 할 것이다.[37]

여기서의 주민투표는 「주민투표법」 제8조의 국가정책에 관한 주민투표를 의미한다고 할 것이다.[38] 왜냐하면 군 공항 이전은 국가사무이고, 「주민투표법」 제7조에서 주민투표의 제외사항으로 "국가 또는 다른 지방자치단체의 권한 또는 사무에 속하는 사항"을 규정하고 있으

36 법제처, 법령해석, 국방부 - 이전후보지 지방자치단체의 장이 주민투표를 실시하지 않고 군 공항 이전유치 신청을 할 수 있는지 여부 등(「군 공항 이전 및 지원에 관한 특별법」 제8조제3항 등 관련), 안건번호 17-0334, 2017. 8. 2.국방부는 "이전후보지 지방자치단체의 장이 군공항이전법 제8조제2항에 따른 유치 신청을 하지 않은 경우, 국방부장관은 해당 지역을 이전부지로 선정할 수 있는지?"라는 질의를 하였고, 법제처는 "이전후보지 지방자치단체의 장이 군공항이전법 제8조제2항에 따른 유치 신청을 하지 않은 경우, 국방부장관은 해당 지역을 이전부지로 선정할 수 없습니다."라는 회답을 하였다.

37 법제처의 법령해석(법제처 법령해석, 안건번호 17-0334, 2017. 8. 2.)도 같은 의견이다.

38 지방자치단체에 영향을 미치는 국가정책에 대하여 주민투표를 실시하는 것은 국가정책에 지방의 의사를 반영할 수 있는 효과적인 방법이라고 볼 수 있지만 주민투표의 실시에도 불구하고 반대의견이 많은 경우에는 또 다른 갈등의 소지를 안고 있는 문제점을 지적하는 견해가 있다(신봉기, 국토계획법의 현안문제(II), 동방문화사, 2013, 184면).

며, 「군 공항 이전 및 지원에 관한 특별법」 제8조에서 명문으로 「주민투표법」 제8조의 주민투표라고 규정하고 있기 때문이다.

그런데 「주민투표법」 제8조의 주민투표의 경우, 주민투표 결과가 지방자치단체의 장과 지방의회를 기속하는 것은 아니기 때문에[39] 지방자치단체의 장이 반드시 주민투표결과에 기속되지는 아니한다.[40] 또한 주민투표쟁송도 인정될 수 없다.[41] 다만, 지방자치단체의 장이 주민투표결과에 기속되지는 않는다고 해도 "주민투표 결과를 충실히 반영"하라는 법문(군 공항 이전 및 지원에 관한 특별법 제8조제2항)에 따라 주민투표결과에 심각하게 반하는 결정을 한다면 재량의 하자로 볼 수 있을 것이다.

유치 신청의 경우에도 이전후보지를 관할하는 지방자치단체가 복수인 때에는 한 지방자치단체가 다른 지방자치단체의 관할 부지를 포함한 전체 이전후보지에 대하여 군 공항 이전 유치 신청을 할 수는 없다

---

39 김동건, "주민투표의 의미와 법적 문제점", 지방자치법연구 제6권제1호, 한국지방자치법학회, 2006, 122-123면. 「주민투표법」 제7조제4항에서는 "제1항의 규정에 의한 주민투표에 관하여는 제7조, 제16조, 제24조제1항 · 제5항(지방자치단체의 장 및 지방의회는 주민투표결과 확정된 내용대로 행정 · 재정상의 필요한 조치를 하여야 한다.) · 제6항, 제25조 및 제26조의 규정을 적용하지 아니한다."라고 규정하고 있다.

40 법제처, 앞의 법령해석 안건번호 17-0348, 2017. 8. 8.

41 홍정선, 홍정선, 행정법원론(하), 제28판, 박영사, 2020, 옆번호 289b; 국가정책에 관한 주민투표가 주민의 주민투표소송 등 재판청구권을 침해하였는지에 대하여 다투는 사건에서 헌법재판소는 "주민투표법은 국가정책에 관한 주민투표의 경우에 지방사지단체의 결정사항에 관한 주민투표와 동일하게 주민투표운동의 원칙 내지 금지사항을 규정하고 그에 위반한 행위에 대하여 관할 선거관리위원회에 의한 행정제재처분이나 사법기관에 의한 형사처벌을 가하도록 규정하는 등 공정성과 절차적 정당성을 확보하도록 하는 한편, 지방자치단체의 주요결정사항에 관한 주민투표와 국가정책사항에 관한 주민투표 사이의 본질적인 차이를 감안하여, 이 사건 법률조항에 의하여 지방자치단체의 주요결정사항에 관한 주민투표와는 달리 주민투표소송의 적용을 배제하고 있는 것이므로, 이 사건 법률조항이 현저히 불합리하게 입법재량의 범위를 벗어나 청구인들의 주민투표소송 등 재판청구권을 침해하였다고 보기는 어렵다."라고 판단하였다(헌법재판소 2009. 3. 26. 선고 2006헌마99 전원재판부 결정).

고 할 것이다.[42]

국방부장관은 유치를 신청한 지방자치단체 중에서 군 공항 이전부지 선정위원회의 심의를 거쳐 이전부지를 선정한다(군 공항 이전 및 지원에 관한 특별법 제8조제3항).

(6) 위법한 이전부지 선정 대한 구제

군 공항 이전의 경우에도 이전 사업의 계획수립 및 사업시행 등은 「국방 · 군사시설 사업에 관한 법률」을 적용함에 따라 군사시설 사업 실시계획 승인에 대하여 취소 또는 무효소송을 제기할 수 있을 것이다. 그런데 이러한 사업 계획의 승인 이전에 군 공항 이전부지가 선정됨에 따라 군 공항 이전 기지 부지 선정에 대한 취소소송의 가능성이 문제된다.

대법원은 혁신도시최종입지확정처분취소(혁신도시 입지선정 사건) 판결에서[43] "[「국가균형발전 특별법」, 같은 법 시행령, '혁신도시 입지선정 지침'에는] 공공기관의 지방이전을 위한 정부 등의 조치와 공공기관이 이전할 혁신도시 입지선정을 위한 사항 등을 규정하고 있을 뿐 혁신도시입지 후보지에 관련된 지역 주민 등의 권리의무에 직접 영향을 미치는 규정을 두고 있지 않으므로, 피고가 원주시를 혁신도시 최종입지로 선정한 행위는 항고소송의 대상이 되는 행정처분으로 볼 수 없다"고 판단하고 있다.

---

42 법제처, 법령해석, 국방부 - 이전후보지가 두 개 이상의 지방자치단체에 걸쳐 있는 경우 공동유치 신청 여부(「군 공항 이전 및 지원에 관한 특별법」 제8조제3항 등 관련), 안건번호 17-0486, 2017. 10. 19.

43 대법원 2007. 11. 15. 선고 2007두10198 판결.

그러나 행정소송법상 처분은 '행정청이 행하는 구체적 사실에 관한 법집행으로서의 공권력의 행사' 또는 '그 거부와 그 밖에 이에 준하는 행정작용'라는 점을 볼 때, 혁신도시 입지선정이라는 행정작용도 처분성을 충분히 지니고 있다고 판단될 것이고, 학설상 직접적으로는 물건의 성질이나 상태에 관하여 규율하고, 사람에 대하여는 간접적인 효과만 미치는 물적 행정행위도 처분에 해당한다고 보고 있으므로[44] '혁신도시 입지선정'은 처분에 해당한다고 할 것이다.[45] 이와 같은 관점에서 군 공항 이전부지 선정의 경우에도 처분성이 인정된다고 본다.

Ⅲ. 군사시설 건설사업 절차

1. 사업시행자

사업시행은 법률상 개념은 아니지만 통상 사업의 기획, 토지소유권 확보 등 사업의 진행 등을 행위를 말한다.[46] 국방 · 군사시설사업을 시행할 수 있는 자 다시 말해 사업시행자는 기본적으로 국방시설본부장과 같은 국방부 소속 기관의 장과 육군참모총장, 해군참모총장, 공군참모총장 또는 해병대사령관을 의미한다(국방 · 군사시설 사업에 관한 법률 제3조).

또한 지방자치단체, 공공기관, 지방공기업 등의 공익사업 시행자는 「공익사업을 위한 토지 등의 취득 및 보상에 관한 법률」 제4조에 따른

44 김남진 · 김연태, 행정법 I , 제24판, 법문사, 2020, 873면.
45 김남진, "혁신도시입지선정의 법적성질", 법률신문, 2008. 2. 28.자.
46 김종보, 건설법의 이해, 개정판, 도서출판 피데스, 2013, 411면.

공익사업의 시행을 위하여 국방 · 군사시설사업[47]이 필요한 경우에는 그 사업에 관하여 국방부장관에게 협의를 요청할 수 있다(국방 · 군사시설 사업에 관한 법률 시행령 제2조제1항). 국방부장관은 위 사업에 대하여 지방자치단체 등과 협의가 이루어진 경우에 국방부장관에게 사업시행 협의를 요청했던 자에 대하여 국방 · 군사시설 사업의 시행자로 지정할 수 있으며, 시행자로 지정하였을 때에는 그 사실을 통지하여야 한다. 그런데 시행자로 지정된 사업시행자가 지정된 날로부터 1년 이내에 사업승인을 신청하지 아니하거나 시행자의 부도 · 파산 등으로 사업을 시행하기 어렵다고 인정되는 경우에는 국방부장관이 그 지정을 취소할 수 있도록 하고 있다(국방 · 군사시설 사업에 관한 법률 제3조 및 같은 법 시행령 제2조제2항 · 제3항).

국방부장관은 군부대 통합 또는 재배치, 국방 · 군사시설의 노후 등으로 국방 · 군사시설사업이 필요한 경우에는 협의대상자와 그 사업에 관하여 협의할 수 있다. 이러한 협의를 할 때는 재원조달능력, 사업능력 및 사업계획, 사업실적 및 기술능력의 적절성 등을 미리 검토하여 협의대상자를 선정하여야 한다(시행령 제2조제4항). 협의대상자와 이러한 협의가 이루어진 다음에는 국방부장관은 협의대상자를 사업시행자로 지정할 수 있다(시행령 제2조제4항).

47 「국방 · 군사시설 사업에 관한 법률 시행령」 제2조제1항 1. 공익사업 시행지역에 있는 국방 · 군사시설을 이전하는 사업, 2. 공익사업의 시행으로 해당 공익사업 시행지역에 인접한 작전시설(법 제2조제1호가목에 따른 군사작전에 필요한 시설 및 같은 호 라목에 따른 진지 구축시설을 말한다. 이하 이 호에서 같다)의 기능이 상실되어 해당 작전시설을 대체하는 작전시설을 설치하는 사업.

2. 국방·군사시설 사업계획

(1) 승인 대상 사업과 사업계획의 작성

사업시행자는 ① 토지 등의 소유자가 50인 이상인 사업, ② 사업 시행면적이 33만㎡ 이상인 사업, ③ 그 밖에 국방부장관이나 사업시행자가 국민의 재산권 보호, 국방 및 군사 목적의 달성을 위하여 필요하다고 인정하는 사업에 해당되면, 사업의 시행 · 변경 · 폐지할 때에 국방 · 군사시설 사업계획을 작성하여 국방부장관에게 승인을 받아야 한다(국방 · 군사시설 사업에 관한 법률 제4조제1항).

국방 · 군사시설 사업계획은 ① 사업의 개요, 규모 및 범위, ② 사업 예정지역의 위치 및 면적, ③ 토지 등을 수용 또는 사용하려는 경우에는 수용 또는 사용할 토지 등의 소재지, 지번 및 지목, 면적, 소유권 및 소유권 외의 권리의 명세와 그 소유자 및 권리자의 성명 · 주소, ④ 사업시행자, ⑤ 사업의 시행 시기 및 기간, ⑥ 사업비용에 관한 사항, ⑦ 토지이용에 관한 사항, ⑧ 주요 기반시설의 설치계획, ⑨ 사업예정지역 안에 건물이나 주요 시설이 있는 경우 그에 대한 물건조서, ⑩ 사업예정지역 안에 「공익사업을 위한 토지 등의 취득 및 보상에 관한 법률」에 따라 수용 또는 사용되고 있는 토지가 있는 경우에는 그 토지에 관한 조서 · 도면 및 해당 토지관리자의 의견서, ⑪ 사업예정지역 및 사업계획을 표시한 지형도 또는 지적도(地籍圖), 사업의 필요성 및 효과, 사업의 시행방법에 대한 내용이 포함된 계획을 의미한다(국방 · 군사시설 사업에 관한 법률 제4조제2항 및 같은 법 시행령 제3조제4항).

(2) 공람 및 의견제출

국방부장관은 토지 등의 수용 또는 사용에 관한 내용을 포함하는 사업계획을 승인하려는 경우에는 사업예정지역의 토지소유자 및 이해관계인의 의견을 듣고, 관계 중앙행정기관의 장 및 지방자치단체의 장과 협의하여야 한다(국방 · 군사시설 사업에 관한 법률 제4조제3항).

구체적으로 살펴보면, 사업예정지역에 보급되는 일간신문에 사업계획을 공고하고,[48] 지방자치단체에 해당 내용을 전달하여 지방자치단체의 공보와 인터넷 홈페이지에 공고하도록 하고, 이를 일반인이 30일 이상 열람할 수 있도록 해야 한다(국방 · 군사시설 사업에 관한 법률 제4조제3항 및 같은 법 시행령 제3조). 공고된 사업계획에 의견이 있는 사람은 열람 기간에 국방부장관이나 지방자치단체의 장에게 의견서를 제출할 수 있다(시행령 제3조제7항). 지방자치단체의 장은 열람기간이 종료되면 의견을 종합하고, 의견이 없는 경우에는 의견이 없다는 내용을 국방부장관에게 통보하여야 한다(시행령 제3조제8항).

관계 중앙행정기관의 장과 지방자치단체의 장의 협의와 관련하여 국방부장관의 협의 요청을 받은 관계 중앙행정기관의 장과 지방자치단체의 장은 특별한 사유가 없으면 요청받은 날부터 30일 이내 사업계획에 대한 의견을 국방부장관에게 통보하여야 한다고 하여 협의 절차와 기간 규정을 통한 협의 지연을 방지하고 있다.

그런데 「국방 · 군사시설 사업에 관한 법률」에서 규정한 토지소유자 및 이해관계인의 의견을 듣는 세부절차를 시행령에서 구체적으로 마

48 공고내용에는 1. 사업의 명칭 2. 사업의 개요 3. 사업예정지역의 위치 및 면적 4. 사업의 시행기간 5. 사업시행자와 그 주소 6. 법 제5조제1항에 따라 수용하거나 사용할 토지등의 세목(細目)이 포함되어야 한다(국방 · 군사시설 사업에 관한 법률 시행령 제3조제5항).

련하고 있지는 아니한바, 이 경우 「공익사업을 위한 토지 등의 취득 및 보상에 관한 법률」이 적용될 수 있는지에 대하여 두 법률 간의 관계를 분석할 필요가 있다(국방 · 군사시설 사업에 관한 법률 제5조). 특히 토지가 수용 또는 사용되는 토지소유자 및 이해관계인에게는 「공익사업을 위한 토지 등의 취득 및 보상에 관한 법률」이나 「행정절차법」 등에서 규정한 통지, 송달 등의 절차를 거쳐 분쟁을 방지하는 것이 필요하다고 본다.

(3) 승인 및 고시

국방부장관은 사업계획에 대하여 승인을 할 수 있다. 승인에 대한 요건 등은 법에서 명시되어 있지 아니하다.[49] 「국방 · 군사시설 사업에 관한 법률 시행규칙」을 보면 국방 · 군사시설 사업계획 승인의 처리를 60일이라고 하고 있다.[50] 다만, 국방 · 군사시설 사업계획의 성질에 비추어 볼 때, 해당 기간은 가능한 한 조속히 그 승인사무를 처리하도록 정한 훈시규정에 불과하다고 할 것이다.[51]

국방부장관은 사업계획을 승인하였을 때에는 이를 관보에 고시하고, 관계 중앙행정기관의 장 및 관할 시 · 도지사 및 시장 · 군수 · 구청

49 2011년 7월 25일 전부개정 이전의 법률에서는 실시계획의 승인(당시는 사업계획과 실시계획이 분리되지 아니하였다.)을 하고자 할 때, 사업의 공익성, 위치의 적정성, 계획의 타당성을 검토하여야 한다고 규정하고 있었다(구 국방 · 군사시설 사업에 관한 법률 제4조제2항).

50 「국방 · 군사시설 사업에 관한 법률 시행규칙」 별지 제1호서식. 다만, 60일 기간에서 신청인의 서류 누락 등으로 인한 보완기간, 관계 중앙행정기관의 장과 지방자치단체의 장과의 협의기간, 이해관계인의 의견 수렴기간은 포함하지 않는다.

51 과거 「주택건설촉진법시행령」 제32조의2제2항 소정의 주택건설사업계획승인 처리기간의 법적 성질에 대하여 훈시규정이라고 판단한 사례도 있다. 서울고등법원 1998. 09. 24. 선고 97구12015 판결(주택건설사업계획의 승인 여부는 정당한 사유가 없는 한 승인신청을 받은 때로부터 30일(관계 기관의 장과의 협의기간을 제외한다) 내에 결정하고 그 결과를 사업주체에게 통보하도록 규정되어 있는 것은 사실이지만, 그 규정은 가능한 한 조속히 그 승인사무를 처리하도록 정한 훈시규정에 불과할 뿐 강행 규정이나 효력규정이라고 할 수는 없다).

장에게 통보하여야 한다. 통보를 받은 지방자치단체의 장은 14일 이상의 기간을 정하여 사업계획을 주민이 열람할 수 있도록 하여야 한다. 다만, 국방상 기밀에 관한 사항은 고시 · 통보하지 아니하거나 다른 적절한 표현으로 바꾸어 고시 · 통보할 수 있다(국방 · 군사시설 사업에 관한 법률 제4조제4항 및 제5항).

(4) 승인의 효과

사업계획의 승인의 효과는 사업계획 고시 구역에서 국방 · 군사시설 사업에 필요한 토지 등을 수용하거나 사용할 수 있게 되는 것이다(국방 · 군사시설 사업에 관한 법률 제5조). 토지 등의 수용 또는 사용에 관한 내용을 포함하는 사업계획을 승인받은 사업시행자는 사업계획 고시구역에서 국방 · 군사시설사업에 필요한 토지 등을 수용하거나 사용할 수 있는데, 「국방 · 군사시설 사업에 관한 법률」에 특별한 규정이 없는 경우, 「공익사업을 위한 토지 등의 취득 및 보상에 관한 법률」을 적용한다고 한다(국방 · 군사시설 사업에 관한 법률 제5조). 다시 말해 사업계획의 승인은 「공익사업을 위한 토지 등의 취득 및 보상에 관한 법률」상의 사업인정이라고 할 것이다.

사업인정은 일정한 수용절차를 거칠 것을 조건으로 수용권을 설정하는데,[52] 사업시행자는 수용권 실현을 위하여 우선 토지소유자 및 관계인과 협의하여야 하고(공익사업을 위한 토지 등의 취득 및 보상에 관한 법률 제26조), 협의가 성립되지 아니하거나 협의를 할 수 없을 때는 사업인정의 사업계획 승인의 고시에서 정한 시행기간 내 관할 토지수용위원회

52 박균성, 행정법론(하), 제18판, 박영사, 2020, 504면.

의 재결을 신청할 수 있다(국방 · 군사시설 사업에 관한 법률 제5조제3항). 사업시행자는 재결신청을 위하여 토지조서, 물건조서를 작성하여야 하고, 조서작성을 위하여 토지 또는 물건에 대한 출입 조사권을 갖는다(공익사업을 위한 토지 등의 취득 및 보상에 관한 법률 제27조). 사업계획의 승인은 처분성이 있으므로 항고소송의 대상이 된다고 할 것이다.

3. 국방·군사시설 실시계획

(1) 계획의 작성 및 승인

국방 · 군사시설 실시계획은 건축물의 건축, 공작물의 설치, 토지의 형질변경을 내용으로 사업시행자가 작성한다.[53] 사업시행자에 의해 작성된 국방 · 군사시설 실시계획은 국방부장관의 승인을 받아야 한다(국방 · 군사시설 사업에 관한 법률 제6조제1항).[54]

국방 · 군사시설 실시계획의 승인 전에 환경영향평가 실시 대상인 경우 환경영향평가를 실시하여야 한다.[55]

국방부장관이 실시계획을 승인하였을 때에는 이를 관보에 고시하고, 관계 중앙행정기관의 장 및 관할 시 · 도지사 및 시장 · 군수 · 구청

53 실시계획에 포함되는 내용은 ① 사업의 개요, 규모 및 범위, ② 사업예정지역의 위치 및 면적, ③ 사업시행자, ④ 사업의 시행방법, ⑤ 사업의 시행 시기 및 기간, ⑥ 사업비용에 관한 사항, ⑦ 계획평면도 및 개략 설계도서, ⑧ 공사 세부 시행계획, ⑨ 계획평면도, 개략 설계도서와 공사 세부 시행계획의 내용이 법령에 적합한지에 대한 검토서, ⑩ 인가 · 허가 등 의제사항이 있는 경우에는 그 내용, 해당 법령에서 정하는 관련 서류 등이다(국방 · 군사시설 사업에 관한 법률 6조제3항).

54 구 「국방 · 군사시설 사업에 관한 법률」(2011. 7. 25. 법률 제10926호로 전부개정되기 전의 것)에서는 실시계획을 승인할 때, 사업의 공익성, 위치의 적정성 및 실시계획의 타당성 등을 검토하여야 한다고 하였으나, 현행 법률에서는 이에 대한 언급은 없다.

55 환경영향평가는 뒤에서 별도로 검토한다.

장에게 통보하여야 한다(국방 · 군사시설 사업에 관한 법률 제6조제4항). 통보를 받은 관할 지방자치단체의 장은 14일 이상의 기간을 정하여 실시계획을 주민이 열람할 수 있도록 하여야 한다(국방 · 군사시설 사업에 관한 법률 제6조제5항). 다만, 국방상 기밀에 관한 사항은 고시 · 통보하지 아니하거나 다른 적절한 표현으로 바꾸어 고시 · 통보할 수 있다(국방 · 군사시설 사업에 관한 법률 제6조제4항).

(2) 승인의 법적 성질

일반적으로 실시계획에 대한 인가는 행정계획[56]의 한 종류로서 공항, 항만, 발전소, 댐, 폐기물처리시설 등 특정 대규모 사업을 대상으로 공사의 방법, 진행 방법, 공사기간 등을 정하여 구체적으로 실시하기로 결정하는 계획을 의미한다.[57]

실시계획 자체는 대규모 사업시행자가 수립하는 것으로서 그 자체만으로는 권리의무에 대한 변동이 일어나지 않는다. 사업시행자가 사업실시계획을 수립하여 이를 행정청에 신청하게 되면, 행정청은 실시계획에 대한 인가를 할 지 여부를 심사하여 결정하게 된다. 행정청이 실시계획을 인가하는 것은 특정 대규모 사업을 실시하기로 결정하는 우월적인 공권력으로서 전체적으로 행정계획이 확정적으로 결정되게 되는 것이다.[58] 따라서 국방 · 군사시설 실시계획의 승인은 국민의 권

---

56 행정계획은 "행정주체가 일정한 행정활동을 위한 구체적 목표를 설정하고, 서로 관련된 행정수단의 조정과 종합을 통하여, 장래에 그 목표를 실현하기 위한 활동의 기준이 되는 것, 또는 그 설정 및 제시행위"로 정의한다(김재호, "행정계획론 소고", 법학연구 제18권제1호, 충남대학교 법학연구소, 2007, 51면).

57 *Hartmut Maurer*, Allgemeines Verwaltungsrecht, 18. Aufl., Verlag C.H. Beck, 2011, Rn. 4; 성봉근 · 손진상, "실시계획에 대한 인가 절차 및 법적 쟁점", 토지공법연구 제78집, 2017, 6면.

58 성봉근 · 손진상, "실시계획에 대한 인가 절차 및 법적 쟁점", 토지공법연구 제78집, 2017, 6면.

리 및 의무에 직접적인 영향을 미치는 것이며, 법원도 이에 대한 처분성을 긍정하고 있다.[59] 따라서 위법한 국방 · 군사시설 사업에 대한 취소나 무효를 제기하고자 한다면 국방 · 군사시설 실시계획 승인에 대하여 소를 제기하여야 한다.

(3) 승인 시 관계 행정기관의 장과의 협의와 승인의 법적 효력

국방 · 군사시설 실시계획의 승인을 할 때에 필요한 허가 · 인가 · 지정 등의 각종 인가 · 허가 등에 대하여 관계 행정기관의 장과 협의가 된 경우, 실시계획이 고시되면 관련 인가 · 허가 등이 고시되거나 공고된 것으로 보는 것이다.[60]

---

59 대법원 2014. 3. 13. 선고 2012두1006 판결; 대법원 2012. 7. 5. 선고 2011두19239 전원합의체 판결; 대법원 2006. 6. 30. 선고 2005두14363 판결.

60 여기에 해당하는 인가 및 허가는 다음과 같다(「국방 · 군사시설 사업에 관한 법률」 제7조제1항). 1.「공유수면 관리 및 매립에 관한 법률」 제8조에 따른 공유수면 점용 · 사용의 허가, 같은 법 제17조에 따른 공유수면 점용 · 사용 실시계획의 승인 또는 신고, 같은 법 제28조에 따른 공유수면 매립면허 및 같은 법 제38조에 따른 공유수면매립실시계획의 승인, 2.「국토의 계획 및 이용에 관한 법률」 제56조에 따른 개발행위의 허가, 3.「농지법」 제34조에 따른 농지 전용의 허가 · 협의 및 같은 법 제36조에 따른 농지의 타용도 일시사용의 허가 · 협의, 4.「대기환경보전법」 제23조에 따른 배출시설 설치의 허가 및 신고, 5.「도로법」 제36조에 따른 도로관리청이 아닌 자에 대한 도로공사 시행의 허가 및 같은 법 제61조에 따른 도로의 점용 허가, 6.「사도법」 제4조에 따른 사도 개설의 허가, 7.「사방사업법」 제14조에 따른 벌채 등의 허가 및 같은 법 제20조에 따른 사방지 지정의 해제, 8.「산림보호법」 제9조제2항에 따른 산림보호구역에서의 행위의 허가 · 신고 및 같은 법 제11조에 따른 산림보호구역 지정의 해제, 9.「산림자원의 조성 및 관리에 관한 법률」 제36조에 따른 입목벌채등의 허가 및 신고, 10.「산지관리법」 제14조에 따른 산지전용허가 및 같은 법 제15조의2에 따른 산지일시사용허가 · 신고, 11.「소음 · 진동관리법」 제8조에 따른 배출시설 설치의 허가 및 신고, 12.「소하천정비법」 제14조에 따른 소하천 점용의 허가, 13.「수질 및 수생태계 보전에 관한 법률」 제33조에 따른 배출시설 설치의 허가 및 신고, 14.「수도법」 제52조에 따른 전용상수도 설치의 인가, 15.「자연공원법」 제23조에 따른 공원구역에서의 행위허가, 16.「장사 등에 관한 법률」 제27조에 따른 분묘의 개장허가, 17.「전기안전관리법」 제8조에 따른 자가용전기설비의 공사계획의 인가 또는 신고, 18.「초지법」 제23조에 따른 초지의 전용허가, 19.「폐기물관리법」 제29조에 따른 폐기물처리시설의 설치 승인 또는 신고, 20.「하수도법」 제16조에 따른 공공하수도에 관한 공사 허가, 같은 법 제24조에 따른 공공하수도 점용허가 및 같은 법 제34조제2항에 따른 개인하수처리시설의 설치신고, 21.「하천법」 제33조에 따른 하천의 점용허가, 22.「항만법」 제9조제2항에 따른 항만

'인 · 허가의제'라 함은 개발행위나 영업행위 등에 관하여 하나의 주된 인 · 허가를 받으면 관계 법률에 규정된 다른 인 · 허가를 받은 것으로 보는 것을 말한다.[61] 인 · 허가의제 규정은 개별 법률에 규정되어 있는 여러 인 · 허가의 권한과 절차에 관한 특례를 정하는 것이므로 반드시 법률의 근거가 있어야 한다.

관계 행정기관의 장과의 협의의 성격과 관련하여, 여기서의 협의는 동의가 필요한 것은 아니고, 관련된 절차를 거치는 것으로 충분하다. 과거 도창리 사건[62]에서 산림청장과의 협의가 문제되었다. 당시 국방

개발사업 시행의 허가 및 같은 법 제10조제2항에 따른 항만개발사업실시계획의 승인, 23. 「공항시설법」 제6조제2항에 따른 개발사업 시행허가 및 같은 법 제7조제3항에 따른 실시계획의 승인.

61 박균성, 행정법론(상), 제17판, 박영사, 2018, 671면.

62 서울행정법원 2004. 10. 8. 선고 2003구합37607 판결; 서울고등법원 2005. 9. 30. 선고 2004누22697 판결; 대법원 2006. 6. 30. 선고 2005두14363 판결. 사실관계는 다음과 같다. 국방부 산하 육군 제1968 부대장(이하 위 부대장을 '사업자'라 하고, 위 부대를 '이 사건 부대'라고 한다)은 1997년경 육군의 훈련장 중 · 장기 종합발전계획에 따라 사단 자체적으로 사격장을 운용하기 위하여 강원 철원군 김화읍 청양리 지역에 위치한 기존의 박격포사격장을 확장하는 방안을 모색하였으나 인근 주민들의 민원 제기 등으로 인하여 이를 포기한 후 1998년 4월경 강원 철원군 김화읍 도창리 산 246 외 인근 부지에 박격포 사격장을 설치하기로 하는 "도창리 백골종합훈련장 피탄지조성사업계획('이하 '이 사건 사업계획'이라 한다)"을 수립하였다. 그 무렵 사업자가 작성한 이 사건 사업계획에 의하면, 사업부지는 민간인통제선 북쪽에 위치하고 도창리 마을로부터 3.2㎞ 떨어져 있으며 그 면적이 903,384㎡이고, 사격장 내 삼림벌목 규모는 피탄지 3개소 8,513평, 방화선 구축 8,470평을 더하여 16,983평(56,142㎡)이며, 연간 50일 내외에 박격포탄 1,300발 이하로 사격하는 것으로 되어 있다. 그 후 사업자는 아래의 사업실시계획을 피고에게 제출하였고, 이에 피고는 1999년 12월 4일 「국방 · 군사시설사업에관한법률」 제4조에 따라 이 사건 사업계획에 대한 승인(이하 '이 사건 승인처분'이라 한다)을 한 후 국방부고시 제1999-55호로 이를 고시하였다.

> *사업명 : 국방 · 군사시설사업
> *사업개요 : 군 사격 훈련장부지 매입
> *사업부지 위치 : 강원 철원군 김화읍 도창리 20 외 38필지
> *사업시행기간 : 1999. 12. 6.부터 2001. 12. 31.까지
> *사업시설 : 박격포 피탄지 3개 지역, 방화선부지 조성
> *사업면적 : 693,481㎡(부지매입면적)

이에 따라 사업자는 1999년 12월경부터 2000년 11월경까지 약 13억원의 예산으로 사업부지에

부장관은 1999년 8월경 「국방 · 군사시설사업에관한법률」 제5조제1항[63] 등에 따라 보전임지 전용에 관하여 관계 행정기관의 장인 산림청장에게 협의를 요청하였는데, 산림청장이 1999년 9월경 서류미비 등의 이유로 위 협의요청을 반려하자 그 무렵 사업부지 중 국유림 174,236㎡에 대하여는 춘천국유림관리소장과 나머지 사유림에 대하여는 철원군수와 각 협의를 한 사실은 인정되었다. 그러나 산림청장에 대한 협의요청과 산림청장의 협의요청 반려 이후에 협의 시도는 없었던 것으로 보인다. 따라서 산림청장과의 협의가 이루어지지 않은 것이다. 이에 법원은 법률에서 규정한 절차를 거치지 않은 것으로 단순한 절차흠결이 아니라 관계 법령을 위반한 절차상의 하자에 해당된다고 보았다. 제1심 법원에서는 국방부장관이 보전임지의 전용과 관련하여 사전에 산림청장과의 협의를 거치지 아니한 사실에 대하여 절차상의 하자가 중대하고 명백하여 당연무효사유에 해당하는 것처럼 설시하고 있지만, 대법원에서는 "국방 · 군사시설 사업에 관한 법률 및 구 산림법(1999. 12. 31. 법률 6187호로 개정되기 전의 것)에서 보전임지를 다른 용도로

대한 협의 및 보상 절차를 마친 후 표적 및 방화지대 설치작업을 실시하여 2001년 8월경 설치공사를 완료하였다. 원고들은 이 사건 사업부지 인근인 도창리 마을에 거주하는 주민들로서 이 사건 사업부지에 사격장이 설치되어 사격훈련이 실시될 경우 인근 식수원에 대한 수질오염 등 여러 가지 환경오염에 노출될 위험성이 크다는 등의 이유로 이 사건 사업계획에 반대하고 있다. 이에 원고들은 ① 이 사건 사업부지 중 보전임지인 817,184㎡ 부분의 전용에 관하여 관계 법령상 산림청장과의 협의를 거쳐야 함에도 이를 거치지 않은 채 피고가 이 사건 승인처분을 하였고, ② 이 사건 사업계획은 구 환경영향평가법상(1999. 12. 31. 법률 제6095호로 폐지되기 전의 것, 이하 '환경영향평가법'이라고만 한다)의 환경영향평가대상사업에 해당함에도 환경영향평가를 전혀 실시하지 않은 채 피고가 이 사건 승인처분을 하였기에 중대하고 명백한 하자가 있으므로 무효확인을 구한다고 주장하였다.

63 구 「국방 · 군사시설사업에관한법률」(법률 제6656호) 제5조 (협의 및 고시등) ① 국방부장관이 제4조의 규정에 의한 실시계획을 승인하고자 할 때에는 관계중앙행정기관의 장 및 지방자치단체의 장과 협의하여야 한다. 다만, 관계법령에서 협의의 권한이 지방자치단체의 장에게 위임된 경우에는 사업시행자가 당해 지방자치단체의 장과 협의할 수 있다.

이용하기 위한 사업에 대하여 승인 등 처분을 하기 전에 미리 산림청장과 협의를 하라고 규정한 의미는 그의 자문을 구하라는 것이지 그 의견을 따라 처분을 하라는 의미는 아니라 할 것"이라고 하여 취소사유에 불과하다고 하였다.[64]

따라서 관련 법률상 협의를 거쳐야 하는데 상대방의 협의요청 반려 이후에 어떠한 협의 시도가 없었다면 협의를 거치지 아니한 것이고, 이에 대한 하자는 인정된다. 이 때, 협의는 구속적인 것을 의미하는 것은 아니므로 무효사유에는 해당되지 아니하고 취소사유에 해당한다고 할 것이다.

다만, 현행 법령상으로는 '의견을 제출하지 아니한 경우에도 협의가 이루어진 것으로 본다'는 규정이 있기 때문에, 위 사건과 같이 관계 행정기관의 장이 협의를 반려한 경우에는 의견을 제출하지 아니한 것으로 보아 협의가 이루어진 것으로 볼 수 있다고 생각한다.[65]

4. 국방·군사시설 사업에서 건축 허가의 특례

국방 · 군사시설의 건축 · 축조 · 대수선 또는 용도변경을 하려는 사업시행자는 「건축법」상의 건축허가 · 건축신고 · 용도변경 허가 및 신고 규정에도 불구하고 국방부장관의 승인을 받아야 한다(국방 · 군사시설 사업에 관한 법률 제8조제1항). 국방부장관은 승인을 한 뒤 그 내용을 지방자

64 대법원 2006. 6. 30. 선고 2005두14363 판결.

65 「국방 · 군사시설 사업에 관한 법률」 제7조제2항 "국방부장관으로부터 협의를 요청받은 관계 행정기관의 장은 협의를 요청받은 날부터 30일 이내에 구체적인 이유와 근거를 분명히 밝힌 서면으로 의견을 제출하여야 하며, 그 기간 내에 의견을 제출하지 아니한 경우에는 협의가 이루어진 것으로 본다."

치단체의 장에게 통보하여야 하고, 통보의 효력은 해당 국방 · 군사시설에 대한 건축허가 · 건축신고 · 용도변경 허가 및 신고가 있는 것으로 보는 것이다(국방 · 군사시설 사업에 관한 법률 제8조제2항 및 제3항). 이와 같은 절차를 진행한 국방 · 군사시설의 경우, 국방부장관이 해당 규정에 따른 허가를 한다(제4항). 국방부장관은 「국방 · 군사시설 사업에 관한 법률」 및 「건축법」의 위반사항에 대하여 사업시행자에게 시정에 필요한 조치를 명하고, 그 결과를 지방자치단체의 장에게 통보하여야 한다(국방 · 군사시설 사업에 관한 법률 제8조제5항).

사업시행자는 국방 · 군사시설사업이 완료되면 국방부장관에게 준공검사를 신청하여야 하고, 국방부장관은 준공검사를 하여 합격한 경우, 그 결과를 지방자치단체의 장에게 통보하여야 한다(국방 · 군사시설 사업에 관한 법률 제9조제1항 및 제2항). 이렇게 통보하게 되면 그 효력으로 해당 국방 · 군사시설은 「건축법」 에 따른 건축물 사용승인을 받은 것으로 본다(제3항).

그런데 이와 같은 건축승인 및 준공검사의 특례는 ① 군부대주둔지 바깥에서 시행하는 군인 · 군무원 · 가족의 주거 · 복지 · 체육 또는 휴양 등을 위하여 필요한 시설, ② 도시 · 군계획시설로 결정되어 건축되는 시설, ③ 지구단위계획구역으로 지정된 구역에서 건축되는 시설, ④ 개발제한구역으로 지정된 구역에서 건축되는 시설, ⑤「사회기반시설에 대한 민간투자법」에 따라 건축되는 시설에는 적용하지 아니한다(국방 · 군사시설 사업에 관한 법률 제10조).

과거 건축허가나 신고 등이 없이 건축된 국방 · 군사시설이 다수 있어 문제가 되었는데, 국유지에 건축한 시설 중에 안전 규정 등에 적합한 경우 등 일정 요건이 충족되면 「건축법」상 해당 규정에 적합하게 설치되거나 설치된 시설로 확인해주는 제도를 마련하였다(국방 · 군사시설 사업에 관한 법률 부칙 제2조).

Ⅳ. 군사시설 건설사업과 환경영향평가

1. 군사시설 건설사업에서의 환경영향평가

환경영향평가제도는 환경에 영향을 미치는 계획 또는 사업을 수립 · 시행하기 전에 해당 계획과 사업이 환경에 미치는 영향을 미리 예측 · 평가하여 환경에 대한 영향을 최소화하는 방안으로 사업 또는 계획을 실시하고, 환경에 대한 영향이 심히 중대한 경우에는 환경 보호를 위하여 사업 또는 계획을 실시하지 않도록 하는 제도를 말한다.[66] 환경영향평가 등에는 전략환경영향평가, 환경영향평가, 소규모 환경영향평가가 있다(환경영향평가법 제2조제4호).

군사시설 사업의 경우 1993년에 처음으로 환경영향평가 대상사업으로 선정되어,[67] 현재 전략환경영향평가,[68] 환경영향평가[69]의 대상에 직접 포함되고, 경우에 따라 소규모 환경영향평가를 실시하여야 한다.[70] 그러나 군사상 고도의 기밀보호가 필요하거나 군사작전의 긴급한 수

66 박균성, 행정법론(하), 제18판, 박영사, 2020, 885면.

67 1999. 12. 11. 대통령령 제14018호로 개정된 「환경영향평가법시행령」 별표 1에 반영 되었다. 최준규 · 강재구, 국방 · 군사시설에 대한 환경영향평가 개선 방향 군사훈련장 사업을 중심으로 -, 한국환경정책 · 평가연구원, 2006, 1면.

68 「환경영향평가법」 제9조제1항제16호 국방 · 군사 시설의 설치에 관한 계획; 「환경영향평가법 시행령」 별표 2.

69 「환경영향평가법」 제22조제1항제16호 16. 국방 · 군사 시설의 설치사업; 「환경영향평가법 시행령」 별표 3.

70 「환경영향평가법 시행령」 별표 4.

행을 위하여 필요하다고 인정하여 환경부장관과 협의한 계획 또는 사업의 경우에는 환경영향평가 등(전략환경영향평가, 환경영향평가, 소규모 환경영향평가)을 거치지 아니할 수 있다(환경영향평가법 제10조, 제23조 및 제43조).

<표-4> 환경영향평가 등의 비교

구 분	전략환경영향평가	환경영향평가	소규모 환경영향평가
주 체	행정기관의 장	사업자	사업자
대 상 [군사시설 관련]	행정계획 [국방 · 군사시설 사업 계획]	대규모 개발사업 [국방 · 군사시설 실시계획]	소규모 개발사업 (생태 · 경관보전지역, 자연보전지역, 습지 보호지역 등)
시 기 [군사시설 관련]	계획의 확정 · 시행 이전 [국방 · 군사시설 사업 계획 승인 전]	사업실시단계 [국방 · 군사시설 실시 계획 승인 전 또는 수립 전]	사업 승인 전
검토 대상	적정성, 타당성	환경오염저감대책	환경오염저감대책

자료 : 김홍균, 환경법, 제4판, 홍문사, 2017, 107면의 표를 수정함.

(1) 전략환경영향평가

전략환경영향평가란 "환경에 영향을 미치는 상위계획을 수립할 때에 환경보전계획과의 부합 여부 확인 및 대안의 설정 · 분석 등을 통하여 환경적 측면에서 해당 계획의 적정성 및 입지의 타당성 등을 검토하여 국토의 지속가능한 발전을 도모하는 것"을 의미한다(환경영향평가법 제2조제1호). 이는 종래 행정계획에 대한 사전환경성검토제도를 의미하는 것이다.[71]

71 박균성 · 함태성, 환경법, 제7판, 박영사, 2015, 275면. 종래 사전환경성검토가 '행정계획'과 보전이 필요한 지역에서 이루어지는 '소규모 개발사업'을 대상으로 하고 있었지만, 전략환경영향평가의 대상은 환경에 영향을 미치는 행정계획이다.

전략환경영향평가의 대상은 환경에 영향을 미치는 행정계획으로, 도시의 개발에 관한 계획, 산업단지의 조성에 관한 계획, 에너지 · 수자원의 개발에 관한 계획, 항만 · 도로 · 철도 · 공항의 건설에 관한 계획 등이 있다.[72] 이러한 계획을 수립하려는 행정기관의 장은 전략환경영향평가를 실시하여야 한다(환경영향평가법 제9조제1항).

전략환경영향평가를 실시할 때, 우선 전략환경영향평가서 초안을 작성하여야 한다. 개발기본계획을 수립하는 행정기관의 장은 전략환경영향평가 항목 등에 맞추어 전략환경영향평가서 초안을 작성한 후 주민 등의 의견을 수렴하여야 한다(환경영향평가법 제12조). 행정기관의 장은 개발기본계획에 대한 전략환경영향평가서 초안을 공고 · 공람하고 설명회를 개최하여 해당 평가 대상지역 주민의 의견을 들어야 한다. 그런데 일정 범위[73]의 주민이 공청회의 개최를 요구하면 공청회를 개최하여야 한다(환경영향평가법 제13조제1항). 또한 행정기관의 장은 개발기본계획이 생태계의 보전가치가 큰 지역일 경우 관계 전문가 등 평가 대상지역의 주민이 아닌 자의 의견도 들어야 한다(환경영향평가법 제13조제1항). 다만, 다른 법령에 따른 의견수렴 절차에서 전략환경영향평가서

---

72 「환경영향평가법」 제9조제1항에서는 다음과 같이 규정하고 있다. 1. 도시의 개발에 관한 계획, 2. 산업입지 및 산업단지의 조성에 관한 계획, 3. 에너지 개발에 관한 계획, 4. 항만의 건설에 관한 계획, 5. 도로의 건설에 관한 계획, 6. 수자원의 개발에 관한 계획, 7. 철도(도시철도를 포함한다)의 건설에 관한 계획, 8. 공항의 건설에 관한 계획, 9. 하천의 이용 및 개발에 관한 계획, 10. 개간 및 공유수면의 매립에 관한 계획, 11. 관광단지의 개발에 관한 계획, 12. 산지의 개발에 관한 계획, 13. 특정 지역의 개발에 관한 계획, 14. 체육시설의 설치에 관한 계획, 15. 폐기물 처리시설의 설치에 관한 계획, 16. 국방 · 군사 시설의 설치에 관한 계획, 17. 토석 · 모래 · 자갈 · 광물 등의 채취에 관한 계획, 18. 환경에 영향을 미치는 시설로서 가축분뇨 관리 기본계획.

73 「환경영향평가법 시행령」 제16조에 따르면 "공청회 개최가 필요하다는 의견을 제출한 주민이 30명 이상인 경우"나 "공청회 개최가 필요하다는 의견을 제출한 주민이 5명 이상이고, 전략환경영향평가서 초안에 대한 의견을 제출한 주민 총수의 50퍼센트 이상인 경우"에 공청회를 개최하여야 한다고 규정하고 있다.

초안에 대한 의견을 수렴한 경우에는 위의 의견 수렴 절차는 생략할 수 있다(환경영향평가법 제14조제1항).

의견수렴 절차를 거친 후에는 전략환경영향평가서를 작성하여 환경부장관에게 협의를 요청하여야 하는데, 승인 등을 받아야 하는 전략환경영향평가 대상계획을 수립하는 행정기관의 장은 전략환경영향평가서를 작성하여 승인기관의 장에게 제출하여야 하며, 승인기관의 장은 해당 계획에 대하여 승인 등을 하기 전에 환경부장관에게 협의를 요청하여야 한다(환경영향평가법 제16조).[74]

환경부장관은 전략환경영향평가서의 내용을 검토하고 협의 내용을 승인기관의 장에게 통보하여야 한다(환경영향평가법 제17조 및 제18조). 승인기관의 장은 통보받은 협의 내용을 해당 계획에 반영하는 조치를 하여야 하고, 그러하지 못하는 특별한 사유가 있을 때에는 다시 환경부장관과 협의한 후 해당 계획을 승인하거나 확정하여야 한다(환경영향평가법 제19조). 그런데 여기에서의 협의는 자문의 성질에 불과하다는 것이 판례의 입장이다.[75]

전략환경영향평가의 경우, 구체적인 개발구역의 지정에 관한 계획이나 개별 법령에서 실시계획을 수립하기 전에 수립하는 실시계획의 기준이 되는 계획을 대상으로 하는 점에 비추어 볼 때, 군사시설의 입지선정에 대한 계획을 대상으로 하는 것으로 해석되고, 그렇다면 군사시설 건설과 관련하여 국방·군사시설 사업계획을 대상으로 하고 있는 점은 일견 타당하다고 본다.

---

74 승인 등을 받지 아니하여도 되는 경우에는 행정기관의 장이 직접 환경부장관에게 협의를 요청하여야 한다(환경영향평가법 제16조).

75 대법원 2000. 10. 13. 선고 99두653판결; 김홍균, 환경법, 제4판, 홍문사, 2017, 116면.

그런데 군 공항 이전과 같이 별도의 절차로 입지선정을 하는 경우 전략환경영향평가를 어느 시점에 진행하여야 하는지 의문이다. 물론 군 공항 이전 사업에서 사업 계획수립 등은 「국방 · 군사시설 사업에 관한 법률」을 적용한다고 하고 있지만(군 공항 이전 및 지원에 관한 특별법 제9조 제5항), 개념적 측면에서 입지의 적정성이나 타당성은 군 공항 이전부지 선정에서 이미 완료가 되기 때문이다. 추후 군 공항 이전 사업과 국방 · 군사시설 사업 간의 체계적인 검토가 요구된다.

(2) 환경영향평가

환경영향평가란 "환경에 영향을 미치는 실시계획 · 시행계획 등의 허가 · 인가 · 승인 · 면허 또는 결정 등을 할 때에 해당 사업이 환경에 미치는 영향을 미리 조사 · 예측 · 평가하여 해로운 환경영향을 피하거나 제거 또는 감소시킬 수 있는 방안을 마련하는 것"을 의미한다(환경영향평가법 제2조제2호).

환경영향평가의 대상은 도시의 개발사업이나, 산업단지의 조성사업, 에너지 · 수자원의 개발사업, 항만 · 도로 · 철도 · 공항의 건설사업 등이 있다.[76] 군사시설 건설에서는 국방 · 군사시설 실시계획을 대상으로 하고, 이 실시계획을 승인하기 전 협의를 요청하여야 한다.[77]

---

76 「환경영향평가법」 제22조제1항에서 다음과 같이 규정하고 있다. 1. 도시의 개발사업, 2. 산업입지 및 산업단지의 조성사업, 3. 에너지 개발사업, 4. 항만의 건설사업, 5. 도로의 건설사업, 6. 수자원의 개발사업, 7. 철도(도시철도를 포함한다)의 건설사업, 8. 공항의 건설사업, 9. 하천의 이용 및 개발 사업, 10. 개간 및 공유수면의 매립사업, 11. 관광단지의 개발사업, 12. 산지의 개발사업, 13. 특정 지역의 개발사업, 14. 체육시설의 설치사업, 15. 폐기물 처리시설의 설치사업, 16. 국방 · 군사 시설의 설치사업, 17. 토석 · 모래 · 자갈 · 광물 등의 채취사업, 18. 환경에 영향을 미치는 시설로서 가축분뇨관리 처리시설의 설치사업.

77 「환경영향평가법 시행령」 별표 2 전략환경영향평가 대상계획 및 협의요청시기.

군사시설 건설사업의 경우, 국방·군사시설사업 중 사업면적이 33만㎡ 이상인 것을 대상으로 한다.[78] 환경영향평가의 시기는 국방부장관등의 승인을 받아야 하는 경우에는 국방·군사시설사업 실시계획 승인 전에 하도록 하고 있고, 국방부장관등의 승인을 받지 아니하여도 되는 경우에는 국방·군사시설사업 실시계획 수립 전에 하도록 한다(환경영향평가법 시행령 별표 3).

승인 등을 받지 아니하여도 되는 사업자는 환경영향평가를 실시하기 전에 평가준비서를 작성하여 30일 내에 환경영향평가협의회의 심의를 거쳐 ① 환경영향평가 대상지역, ② 환경보전방안의 대안, ③ 평가 항목·범위·방법 등을 결정하여야 한다(환경영향평가법 제24조제1항 및 같은 법 시행령 제32조제2항).

승인 등을 받아야 하는 사업자는 환경영향평가를 실시하기 전에 평가준비서를 작성하여 승인기관의 장에게 환경영향평가 항목 등을 정하여 줄 것을 요청하여야 한다(환경영향평가법 제24조제2항).

사업자는 결정된 환경영향평가 항목 등에 따라 환경영향평가서 초안을 작성하여 주민 등의 의견을 수렴하여야 한다(환경영향평가법 제25조제1항). 환경영향평가서 초안의 작성 및 주민 등의 의견 수렴 절차는 전략환경영향평가의 의견 수렴 절차를 준용하는데, 다만 주민에 대한 공고 및 공람은 환경영향평가 대상사업의 사업지역을 관할하는 시장·군수·구청장이 하여야 한다(환경영향평가법 제25조제2항).

승인기관의 장은 환경영향평가 대상사업의 승인 등을 하기 전에 환

78 「환경영향평가법 시행령」 별표 3. 다만, 「국방·군사시설 사업에 관한 법률」 제2조제1호사목에 따른 체육을 위하여 필요한 시설(골프장을 포함한다)의 경우에는 사업면적이 25만㎡ 이상인 것으로 규정하고 있다.

경부장관에게 협의를 요청하여야 한다(환경영향평가법 제27조). 협의를 요청받은 환경부장관은 환경영향평가서의 내용을 검토하고, 협의 내용을 통보하여야 한다(환경영향평가법 제29조). 사업자나 승인기관의 장은 협의내용을 사업계획 등에 반영하는 데 필요한 조치를 하여야 한다(환경영향평가법 제30조). 사업자나 승인기관의 장이 협의 내용에 이의가 있을 경우, 환경부장관에게 협의 내용의 조정을 요청할 수 있고, 승인기관의 장은 일정 요건에 해당할 경우 환경부장관에게 재협의를 요청하여야 한다(환경영향평가법 제31조 및 제32조).

환경부장관의 협의의견이 승인기관의 장을 구속하는지 여부와 관련하여 대법원은 "환경부장관의 환경영향평가에 대한 의견에 반하는 처분을 하였다고 하여 그 처분이 위법하다고 할 수는 없다"라고 하여 구속력이 없다고 보고 있다.[79] 이에 대하여 학설은 환경부장관의 협의는 동의가 아니기 때문에 일응 타당하다고 하지만 「환경영향평가법」 상의 협의 내용의 반영, 재협의 등의 규정에 비추어 동의는 아니지만 승인기관의 장에게 협의내용을 최대한 반영하도록 노력하여야할 의무를 지우는 것으로 승인기관의 장이 이러한 노력을 충실히 이행하지 아니한 경우 승인처분의 취소사유가 된다고 보고 있다.[80]

생각건대 현행 「환경영향평가법」 상 협의내용의 이행(제19조), 재협의(제20조), 변경협의(제21조)의 조항을 비추어 보면, 환경부장관의 협의는 구속력을 완전히 부정하기 어렵다. 다만, 협의내용을 이행하지 아

79 대법원 2001. 7. 27. 선고 99두2970 판결. 대법원은 "국립공원 관리청이 국립공원 집단시설지구개발사업과 관련하여 그 시설물기본설계 변경승인처분을 함에 있어서 환경부장관과의 협의를 거친 이상 환경부장관의 환경영향평가에 대한 의견에 반하는 처분을 하였다고 하여 그 처분이 위법하다고 할 수 없다"라고 판결하였다.

80 박균성, 행정법론(하), 제18판, 박영사, 2020, 892면.

니할 경우 강제로 효력을 발생하게 하는 규정은 찾아볼 수 없으므로 환경부장관의 협의가 동의의 성격을 가진다고 보기 어렵다. 따라서 승인기관의 장은 환경부장관의 협의 내용을 최대한 반영하도록 노력하여야 하고, 그렇지 아니할 경우 승인처분의 취소사유로 봄이 타당하다고 본다.

환경영향평가제도의 실효성 확보가 문제되는데, 이를 위하여 환경영향평가업자에 대한 제재 강화와 환경영향평가서의 허위·부실하게 작성하는 사업자에 대한 규제를 강화하여야 한다는 의견이 있다.[81] 또한 환경영향평가에서 주민의견수렴절차가 보다 강화되어야 한다고 하면서, 주민들에 대한 설명의무의 강화, 정보의 충분한 공개, 구체적이고 세부적인 절차 마련을 제안하는 견해가 있다.[82]

그런데 이러한 환경영향평가의 개선방향과 군사시설 건설에서 환경영향평가가 조화롭게 연계될지 고민해볼 필요가 있다. 뒤에서 검토하겠지만 정보의 공개가 제한적인 군사시설 건설에서 실질적인 환경영향평가가 될 수 있을지 의문이기 때문이다.

(3) 소규모 환경영향평가

소규모 환경영향평가란 "환경보전이 필요한 지역이나 난개발(亂開發)이 우려되어 계획적 개발이 필요한 지역에서 개발사업을 시행할 때에 입지의 타당성과 환경에 미치는 영향을 미리 조사·예측·평가하여 환경보전방안을 마련하는 것"을 의미한다(환경영향평가법 제2조제3호).

81 김홍균, 환경법, 제4판, 홍문사, 2017, 145면.

82 김홍균, 환경법, 제4판, 홍문사, 2017, 132면; 박균성·함태성, 환경법, 제7판, 박영사, 2015, 324면.

소규모 환경영향평가는 ① 보전이 필요한 지역과 난개발이 우려되어 환경보전을 고려한 계획적 개발이 필요한 지역(보전용도지역)에서 시행되는 개발사업, ② 환경영향평가 대상사업의 종류 및 범위에 해당하지 아니하는 소규모 개발사업을 대상으로 실시한다.

승인을 받아야 하는 사업자는 소규모 환경영향평가 대상사업에 대한 승인을 받기 전에 소규모 환경영향평가서를 작성하여 승인기관의 장에게 제출하여야 하고, 승인기관의 장 등은 소규모 환경영향평가 대상사업에 대한 승인 등을 하거나 대상사업을 확정하기 전에 환경부장관에게 소규모 환경영향평가서를 제출하고 소규모 환경영향평가에 대한 협의를 요청하여야 한다(환경영향평가법 제44조). 환경부장관은 위에 따라 협의를 요청받은 경우에는 협의 요청 절차의 적합성과 소규모 환경영향평가서의 내용 등을 검토한 후 협의를 요청받은 날부터 30일(협의기관의 장이 부득이한 사유로 그 기간을 연장한 경우에는 40일) 이내에 협의 내용을 승인기관의 장 등에게 통보하여야 한다(환경영향평가법 제45조).

소규모 환경영향평가의 특징은 주민의견수렴절차가 없다는 것이다. 그러나 절차의 간소화에 따라 시간적·경제적 비용을 절감할 수 있다는 장점이 있다. 군사시설 건설에서 환경영향평가의 대상이 아닌 경우, 소규모 환경영향평가를 거치고 있다.

2. 군사시설 건설사업에서의 환경영향평가 관련 쟁점

(1) 군사시설 건설사업에서 환경영향평가 대상이 되는 사업면적

환경영향평가의 대상은 국방·군사시설사업 중 사업면적이 33만㎡

이상의 것이다.[83] 그런데 여기에서 말하는 '사업면적'이 무엇인지 관하여 다툼이 있었다. 이에 대한 사례를 통하여 살펴보기로 한다.

가. 도창리 종합훈련장 사건

환경영향평가의 대상이 되는 사업면적 기준에 대한 중요한 사례는 도창리 종합훈련장 사건이다.[84] 이 사건에서 해당 사업이 환경영향평가에 해당하는지에 관하여 문제가 되었다. 사업자가 작성한 사업계획에서의 사업면적은 903,384㎡, 실시계획상의 사업면적은 693,481㎡(부지매입면적), 실제 환경에 영향을 미치는 면적은 56,142㎡(피탄지 3개소와 방화선을 합한 면적)인데, 이 중 어느 면적을 기준으로 해야 할지 문제가 되었다.

사업자는 초기에 실제 환경에 영향을 미치는 면적인 56,142㎡(피탄지 3개소와 방화선을 합한 면적)를 기준으로 하여, 이를 사업면적이라고 보았다. 따라서 환경영향평가의 기준인 33만㎡를 넘지 아니하였으므로 환경영향평가를 실시하지 않았다. 그런데 사업자는 사업 완료 상태에서 환경부에 환경영향평가를 거쳐야 하는지에 대한 질의를 하였다. 환경부는 '기본설계 당시 면적'을 기준으로 33만㎡ 이상일 경우 대상사업이라고 회신하였다. 환경부의 회신에 따르면 사업자가 환경영향평가를 거쳐야 함에도 거치지 아니한 문제가 있다고 할 것이다. 법원도 '기본설계 당시 면적'을 기준으로 환경영향평가를 실시하여야 한다고 하여 환경

---

83 「환경영향평가법 시행령」 별표 3. 다만, 「국방 · 군사시설 사업에 관한 법률」 제2조제1호사목에 따른 체육을 위하여 필요한 시설(골프장을 포함한다)의 경우에는 사업면적이 25만㎡ 이상인 것으로 규정하고 있다.

84 서울행정법원 2004. 10. 8. 선고 2003구합37607 판결; 서울고등법원 2005. 9. 30. 선고 2004누22697 판결; 대법원 2006. 6. 30. 선고 2005두14363 판결.

영향평가를 실시하지 아니한 것에 위법이 있다고 판단하였다.[85]

나. 제주해군기지 사건

제주해군기지 사건[86]에서도 환경영향평가 대상사업의 해당여부가

85 서울행정법원 2004. 10. 8. 선고 2003구합37607 판결.

86 서울행정법원 2010. 7. 15. 선고 2009구합15258 판결; 서울고등법원 2011. 6. 16. 선고 2010누27273 판결; 대법원 2012. 7. 5. 선고 2011두19239 전원합의체 판결.사실 관계는 다음과 같다. 국방부는 제주남방해역과 해상교통로에 대한 효율적인 감시와 보호활동을 위하여 제주도에 기동전단 전력수용을 위한 부두와 지휘 · 지원시설을 건설하기로 하고 1993년 12월경 국방부 156차 합동참모회의에서 제주해군기지 신규소유결정을 하고 1995년 12월경 '1997-2001 국방사업계획'에 제주해군기지 사업계획을 반영하였다. 국방부는 이후 제주도 내 사업부지를 물색하였으나 제주도민들의 거센 반대에 부딪혀 사업을 잠정 중단하였다가 2005년 4월경 제주해군기지 추진기획단을 구성하고, 국방부 산하기관인 방위사업청을 통하여 2006년 5월 제주해군기지 건설방침을 발표하였다. 제주특별자치도지사(이하 '제주도지사'라 한다)는 2006년 6월경 해군기지 실무팀(T/F)을 구성하여 제주도 내 여러 해안지역을 후보지로 선정하여 2006년 말 제주해군기지가 지역사회에 미치는 영향에 대하여 분석을 실시하고, 2007년 1월부터 2007년 4월까지 제주도민대토론회, 사업설명회(3회), 찬반협의체 회의를 개최하였다. 서귀포시 대천동 강정마을 주민들로 구성된 강정마을회장은 2007년 4월 24일 제주도지사에게 해군기지 유치건의를 하였고, 제주도지사는 이를 받아들여 2007년 5월 14일 최종적으로 서귀포시 대천동 강정마을 해안(이하 '강정마을'이라 한다)을 제주 해군기지 건설사업지로 발표하였다. 국방부는 2007년 6월 8일 제주도지사에게 강정마을 일대 48만㎡(매립 201,231㎡, 매입 282,842㎡)를 사업부지(이하 '이 사건 사업부지'라 한다)로 하여 항만시설을 건설하는 내용의 사업계획(이하 '이 사건 사업'이라 한다)을 통보하였고, 사업시행자인 해군참모총장(해군본부)은 2007년 8월부터 2008년 3월까지 4차에 걸쳐 사전환경성검토(환경질, 육상동물상, 식생 및 해양동 · 식물상)에 착수하였으며, 2008년 4월경 사전환경성검토 초안에 대하여 주민공람을, 같은 해 4월 18일 주민설명회를 각 개최한 후 사전환경성검토서를 피고(국방부장관)에게 제출하였다. 피고는 2008년 6월경 환경부장관에게 사전환경성검토서에 대한 협의요청을 하였고, 그 협의결과를 반영한 후 2008년 12월 26일 항만공사 설계에 대한 입찰공고를 하고 2009년 1월 21일 국방 · 군사시설사업에 관한 법률(이하 '국방사업법'이라 한다) 제4조에 따라 국방 · 군사시설 실시계획 승인(이하 '이 사건 승인처분'이라 한다)을 하였으며, 같은 날 국방부고시 제2009-1호로 아래 내용을 고시하였다.

> 1. 사업시행자 : 해군참모총장
> 2. 사업의 명칭 : 국방 · 군사시설 사업
> 3. 사업의 개요 : 제주해군기지 건설사업
> 4. 시행기간 : 2008. 11. 1. - 2010. 12. 30.
> 5. 사업의 집행부대와 그 주소 : (생략)
> 6. 사업용지로 수용 또는 사용할 토지의 세목 : 제주특별자치도 서귀포시 강정동 (지번 생략)번지 외 200필지 284,217㎡

쟁점이 되었다. 내용은 다음과 같다. 국방부는 "이 사건 사업부지 면적은 약 48만㎡로 되어 있기는 하나 그중 20만㎡는 해수면을 매립하여 부지를 확보하는 것이고, 나머지 28만㎡를 협의매수절차를 통하여 매

피고는 이 사건 승인 처분 직후부터 사업부지 확보를 위한 협의매수 절차를 진행하여 약 45%의 토지를 협의취득하였고, 어업보상 대상 가구 중 90%에 대하여 보상절차를 완료한 상태이다. 한편, 피고 산하 해군중앙경리단은 일괄입찰방식으로 강정마을 일원에 방파제와 부대공 등을 설치하는 공사의 수급인을 선정하였는데, 피고 보조참가인 삼성물산 주식회사는 제주해군기지 부두건설 1공구에, 피고 보조참가인 대림산업 주식회사는 제주해군기지 부두건설 2공구에 각 시공사로 선정되었다(이하 '피고 보조참가인들'이라 한다). 해군본부는 2008년 11월부터 2009년 3월까지 이 사건 사업시행을 반대하는 주민 측과 해군 측에서 각각 선정한 환경영향평가업체들로 하여금 공동으로 생태계 조사를 시행하도록 하였고, 이와는 별도로 2009년 상반기 이 사건 사업부지에 대하여 환경영향평가법에 따른 환경영향평가를 실시하고 2009년 4월 7일 피고, 제주도지사, 서귀포시장에게 환경영향평가서 초안(을 18호증의 1)을 각 제출하고 2009년 4월 24일 환경영향평가서 초안에 대한 주민공람과 주민설명회를 개최하였으며, 2009년 6월 24일 주민 공청회를 개최하였다. 해군본부는 환경영향평가서 초안 의견수렴과정에서 제시된 현황조사 관련 의견[해양생태계 추가 조사, 흑비둘기 서식지(범섬)조사, 부지기상조사, 토양환경질조사, 해수유동특성파악 등]을 반영하여 보완·작성한 환경영향평가서(을 18호증의 2)를 2009년 7월 7일 피고에게 제출하였고, 피고는 제주특별자치도 설치 및 국제자유도시 조성을 위한 특별법 제299조에 따라 2009년 7월 8일 제주도지사에게 제주해군기지사업에 대한 환경영향평가 협의요청을 하였다. 제주도지사는 피고의 협의요청에 대하여 2009년 12월 21일 대기질, 수질, 해양환경, 토양, 지형·지질, 동·식물상, 친환경적자원순환, 경관, 산업 등 9개 항목의 미비점에 대한 보완 요청을 하였고(을 24호증), 피고는 제주도지사와의 협의내용을 반영하여 환경영향평가서를 보완·작성한 후(을 18호증의 3, 4), 시공사인 피고보조참가인들로 하여금 실시설계에 환경영향평가서의 내용을 반영하도록 하였다(을 26호증). 해군참모총장은 2009년 12월 말경 환경영향평가 협의절차가 종료되자, ① 환경영향평가결과와 환경영향평가를 반영한 항만공사설계관련사항을 실시계획의 내용으로 추가하고, ② 사업시행 만료시점을 연장하며, ③ 보상대상 권리를 변경, 추가하는 내용으로 2010년 1월 27일 피고에게 이 사건 실시계획의 변경승인을 신청하였고, 피고는 2010년 3. 15일 이 사건 실시계획에 대한 변경승인(이하 '이 사건 변경승인 처분'이라 한다)을 하고, 같은 달 17일 국방부고시 제 2010-10호로 아래 내용을 고시하였다.

> 변경내용
> 가. 환경영향평가 협의결과를 설계도면에 반영
> 나. 사업시행기간의 변경*
> 　당초 : 2008. 11. 1. - 2010. 12. 30. => 변경 : 2008. 11. 1. - 2014. 12. 30.
> 다. 해군기지편입지역 토지세목조서 및 물건조서 변경, 면허·허가 어업물건조서

이에 인근 주민들은 2010년 3월 15일 제주해군기지 건설사업 실시계획에 대한 국방·군사시설사업 실시계획 승인처분 및 변경승인처분에 대하여 주위적으로 무효 확인을, 예비적으로 변경승인처분의 취소를 구하는 소송을 제기하였다. 이 사건에서는 최초 처분인 이 사건 승인처분에 대한 대상적격의 문제, 환경영향평가의 시기 등의 문제 등이 쟁점이 되었다.

입하는 것이 이 사건 사업의 실제 내용이므로, 구 환경영향평가법 등에서 요구하는 '사업면적이 33만㎡ 이상인 경우'에 해당하지 않는다." 라고 주장하였다.[87] 국방부는 사업면적을 협의매수절차가 필요한 28만㎡로 주장한 것이다.

그러나 제1심 법원은 "이 사건 사업은 약 20만㎡의 해수면을 매립하고, 약 28만㎡를 협의매수하는 등 총 48만㎡의 사업부지를 확보한 후 결국 위 사업부지 전체에 항만시설을 건설하는 것을 목적으로 하는 것"이라고 하면서,[88] 국방부의 주장을 배척하였다. 법원의 판단은 협의매수 절차를 통하여 매입하는 부지만을 사업면적으로 보는 것이 아니라, 전체 사업면적을 기준으로 하여야 한다는 것이다.

다. 사드체계 배치 사건

환경영향평가 대상 사업면적인지의 문제에 앞서 우선 사드(THAAD : Terminal High Altitude Area Defense)의 개념을 살펴보면, 사드는 종말단계 고고도 지역방어체계로 포대통제소, 사격통제 레이더(TPY-2 TM), 발사대, 요격미사일 등으로 구성된 무기체계이다.[89] 우리나라와 미국은 사드체계를 2016년 2월 7일 주한미군에 배치하기로 결정하였고,[90] 같은 해 7월 13일 경상북도 성주지역에 배치하는 것으로 발표하였다.[91]

이러한 사드체계 배치와 관련하여, 환경영향평가의 대상(사업면적)에

---

87 서울행정법원 2010. 7. 15. 선고 2009구합15258 판결.

88 서울행정법원 2010. 7. 15. 선고 2009구합15258 판결. 이 사건에 대하여 항소심과 상고심에서 사업면적에 대한 판단은 더 이상 하지 아니하였다.

89 국방부 홈페이지, THAAD(Terminal High Altitude Area Defense) 체계란?, (http://www.mnd.go.kr/mbshome/mbs/mnd/subview.jsp?id=mnd_011701010000, 최종방문일 : 2018. 3. 15.).

90 국방부 보도자료, "주한미군 THAAD 배치 관련 한미 공동발표문", 2016. 2. 7.자.

91 국방부 보도자료, "한미(韓美), 주한미군 사드(THAAD) 배치 부지 발표", 2016. 7. 13.자.

해당하는 지에 대한 견해의 대립이 있다.

우선 환경영향평가를 실시하여야 한다는 의견은 다음과 같다.[92] 국방부가 사드체계 배치를 위한 목적으로 확보한 부지가 148만㎡이기 때문에 이를 사업면적으로 보아야 하고, 국방부가 주장하는 실제 사업에 필요한 면적인[93] 10만㎡를 기준으로 할 수 없다는 것이다.[94] 이 견해에 따르면 사업 목적으로 확보한 전체 부지인 148만㎡를 사업면적으로 보아 환경영향평가 대상 사업면적의 기준인 33만㎡ 이상이므로 환경영향평가의 대상이라고 한다.

이와 반대되는 의견은 다음과 같다.[95] 우선 사드체계 배치와 관련하여, 주한미군이 요구한 기본설계상 사업면적은 10만㎡인 것, 완충지대를 고려하여 우리나라가 주한미군 측에 약 32만㎡를 공여했다고 한 것, 2차 공여부지까지는 70만㎡라고 한 것을 전제로 하였다.[96] 이 중 어느 면적을 기준으로 판단하여야 하는지 살펴보면, 도창리 종합훈련장 사건에서 기본설계 당시 사업면적을 기준으로 판단하였으므로, 마찬가지로 이 사건에서도 주한미군이 요구한 기본설계상 사업면적을 기

---

92 민주사회를 위한 변호사 모임, "사드체계 배치사업, '환경영향평가'에 대한 법적 검토 의견서", 2017. 6. 5., (http://minbyun.or.kr/?p=35533, 최종방문일 : 2018. 3. 1.). 이 견해에 따르면 기본적으로 사드체계는 국방 · 군사시설에 해당하는 바, 「국방 · 군사시설 사업에 관한 법률」의 적용 대상이라고 한다. 주요 근거로 반드시 토지의 사용 및 수용 사업에만 「국방 · 군사시설 사업에 관한 법률」이 적용되는 것은 아니라는 점, 외국군의 부대시설을 규정한 위 법률에 국방 · 군사시설에 해당한다는 점, 미군기지내에도 환경영향평가의 판례와 사례가 있다는 점을 들고 있다(민주사회를 위한 변호사 모임, 앞의 의견서).

93 본 견해에서는 10만㎡에 대하여 기본설계상 사업면적이 아닌 실제 사업에 필요한 면적으로 보고 있다.

94 민주사회를 위한 변호사 모임, 앞의 의견서.

95 장재원, "사드배치와 환경영향평가", 자유한국당 사드대책위 발제문, 2017. 7. 19., 자유한국당 홈페이지(https://www.libertykoreaparty.kr/web/policy/sad/readSadView.do?bbsId=SAD_000000001208525, 최종방문일 : 2018. 3. 1.). 여기에서는 사드체계가 국방 · 군사시설에 해당하는지 여부는 쟁점으로 검토하지 않았다.

96 장재원, "사드배치와 환경영향평가", 자유한국당 사드대책위 발제문, 2017. 7. 19., 2-3면.

준으로 하여야 한다는 것이다.[97] 그렇다고 한다면 기본설계상 사업면적이 10만㎡이기 때문에 사드체계 배치 부지는 환경영향평가의 대상이 아니라는 것이다.[98]

생각건대 이 사건에서 148만㎡의 부지는 전체 사업을 위하여 필요한 면적이고, 10만㎡의 부지는 기본설계상 사업면적인 것이라면, 앞의 도창리 종합훈련장 사건의 대법원 해석에 따라 기본설계상 사업면적인 10만㎡의 부지를 기준으로 환경영향평가의 대상이 되는 부지인지 판단하여야 한다. 그런데 10만㎡의 부지는 환경영향평가의 대상이 되는 33만㎡ 이상의 사업면적이 아니기 때문에 사드체계 배치 부지는 환경영향평가의 대상이라고 볼 수 없는 것이다. 다만, 환경영향평가를 실시하여야 한다고 하는 견해에서는 이 사건에서 10만㎡라는 면적에 대하여 기본설계상 사업면적이 아닌 실제 사업에 필요한 면적으로 주장하고 있기 때문에 이는 법리적인 문제보다 사실관계의 확정의 문제라고 할 것이다.

환경영향평가의 대상이 아니라고 하더라도 소규모 환경영향평가 대상에는 해당될 수 있다. 이에 대하여 국방부는 사드체계 배치부지에 대한 소규모 환경영향평가 협의를 마쳤다고 발표 하였다.[99]

라. 군사시설 건설사업에서 환경영향평가 대상이 되는 사업면적에 대한 검토

국방 · 군사시설사업 중 사업면적이 33만㎡ 이상인 것에 대하여 환

97 장재원, "사드배치와 환경영향평가", 자유한국당 사드대책위 발제문, 2017. 7. 19., 6면.

98 장재원, "사드배치와 환경영향평가", 자유한국당 사드대책위 발제문, 2017. 7. 19., 6면.

99 국방부 보도자료, "사드체계 배치 부지 소규모 환경영향평가 협의 완료", 2017. 9. 4.자.

경영향평가를 실시하도록 하고 있다(환경영향평가법 시행령 별표 3). 그런데 사업면적이 구체적으로 어느 면적을 의미하는 것인지에 대하여 법령상 명확하지 아니하다.

도창리 종합훈련장 사건에서는 사업자가 작성한 사업계획에서의 사업면적, 실시계획상의 사업면적, 실제 환경에 영향을 미치는 면적 중에서 어느 면적을 기준으로 하여야 할지 문제되었고, 제주해군기지 사건에서는 전체 사업부지 면적, 해수면 매립 부지 면적, 협의 매수 부지 면적 중에서 어느 면적을 기준으로 하여야 할지 문제되었다. 도창리 종합훈련장 사건과 제주해군기지 사건에서 기본설계상의 사업면적을 기준으로 한다고 판단하여 이러한 문제가 해결된 것처럼 보였다.

그러나 사드체계 배치 사건에서 '기본설계상의 사업면적'을 기준으로 하여 환경영향평가의 시행여부를 결정하는 것에는 모두 동의하였으나, 어떠한 것이 기본설계상의 면적인지 여부에 대하여 다툼이 있었다. 기본설계라는 용어는 「국방 · 군사시설 사업에 관한 법률」에서 사용되지 아니하여, 어느 것이 기본설계상의 사업면적인지 판단하기 어렵기 때문이다.

생각건대 '기본설계상의 사업면적'을 기준으로 하는 것 보다, '국방 · 군사시설 실시계획 상의 사업 시행면적'으로 법령에 규정하는 것이 타당하다고 본다. 왜냐하면 환경영향평가의 대상과 시기를 국방 · 군사시설 실시계획 승인을 기준으로 하고 있기 때문이고, 법령에 명시적으로 규정하여야 사드체계 배치 사건에서와 같이 법령 해석의 갈등이 발생하지 않기 때문이다.

(2) 군사시설 건설사업에서 환경영향평가의 실시시기

제주해군기지 사건에서는 환경영향평가의 실시시기가 문제되었다. 이 사건에서 국방부는 국방 · 군사시설 실시계획을 승인하고 환경영향평가를 실시하였다. 그런데 당시 「환경영향평가법 시행령」에서는 환경영향평가서의 제출시기를 '기본설계 승인 전'이라고 규정하고 있으나, 당시 「국방 · 군사시설사업에관한법률」에는 '기본설계'라는 문구가 없었다.[100] 이에 대하여 제1심과 제2심은 '기본설계 승인 전'의 의미는 '국방 · 군사시설 실시계획 승인 전'이라고 해석하여 국방부가 국방 · 군사시설 실시계획을 승인하기 전에 환경영향평가를 실시하여야 함에도 불구하고 국방 · 군사시설 실시계획을 승인한 뒤 환경영향평가를 실시한 것은 중대하고 명백한 하자라고 판단하여 무효에 해당한다고 보았다.[101]

그러나 대법원의 다수의견은 "이 사건 시행령규정의 '기본설계의 승인 전'은 구 건설기술관리법령상 '기본설계'의 승인 전을 의미하는 것으로 해석하여야지 이를 구 국방사업법상 '실시계획'의 승인 전을 의미하는 것으로 해석할 것은 아니다."라고 하여, 실시계획 승인 후에 실시한 환경영향평가에 대한 위법이 없다고 하였다.[102]

이에 대하여 반대의견(대법관 전수안, 이상훈)은 "이 사건 시행령규정의 '기본설계'라는 개념은 구 국방사업법이나 그 시행령에 나오는 표현도 아니어서 그것이 구체적으로 무엇을 지칭하는지가 분명하지 않을 뿐만 아니라, 다수의견이 말하듯이 이것이 구 건설기술관리법 및 그 시

100 김혁중, "국가안전보장과 주민의 참여", 저스티스 통권 제134-3호, 한국법학원, 2013, 302면.

101 서울행정법원 2010. 7. 15. 선고 2009구합15258 판결; 서울고등법원 2011. 6. 16. 선고 2010누27273 판결.

102 대법원 2012. 7. 5. 선고 2011두19239 전원합의체 판결.

행령에 따른 '기본설계'를 뜻하는 것이더라도 그 법령에서 기본설계의 '승인'이라는 개념을 도무지 찾을 수 없고, 결국 이는 사업자의 내부적 절차에 불과할 것이니 그 시점이 언제인지 불분명하고 대외적으로 명확히 드러나지도 않는다. 따라서 이 사건 시행령규정에서 환경영향평가서의 제출시기를 '기본설계의 승인 전'으로 규정한 것은 환경영향평가서를 일정한 시점 이전에 제출하도록 의도한 이 사건 법률규정의 취지를 완전히 저버리는 결과를 가져온다."라고 하면서 다수의견에 반대하였다.[103]

생각건대 종전 도창리 종합훈련장 사건에서 환경영향평가의 시기를 군사시설 사업 실시계획의 승인 전에 거쳐야 한다고 한 점, 군사시설 건설사업에 관한 법령에서 명확하게 규정되어 있지 아니한 '기본설계의 승인'을 이 법령에서 규정한 '국방 · 군사시설 실시계획 승인'이라고 해석한 점은 문언해석의 범위를 넘어선다는 점 등에 비추어 볼 때, 다수의견은 타당하지 않다고 볼 것이다. 또한 반대의견에서 밝힌바와 같이 당시 「환경영향평가법 시행령」 자체가 위법할 수 있었음에도 이에 대한 판단을 하지 않을 것도 문제가 있다고 보인다.[104] 따라서 앞의 반대의견이 보다 타당하다고 생각한다.

그런데 제주해군기지 사건 소송 중에 환경영향평가의 실시시기에 대한 규정은 개정되었다. 이에 따라 현재 군사시설 건설사업에서 환경영향평가의 실시시기는 「국방 · 군사시설 사업에 관한 법률」 제6조에 따른 국방 · 군사시설사업 실시계획 승인 전에 하도록 하고 있으며, 국

103 대법원 2012. 7. 5. 선고 2011두19239 전원합의체 판결.

104 박균성, "환경영향평가서의 제출시기, 협의요청시기 및 협의완료 시기 등", 행정판례연구 XVIII-1, 박영사, 2013, 369면.

방부장관 등의 승인을 받지 아니하여도 되는 경우에는 국방 · 군사시설사업 실시계획 수립 전으로 규정하고 있다(환경영향평가법 시행령 별표 3).

(3) 절차상 하자 있는 환경영향평가에 대한 구제

환경영향평가의 절차상 하자를 유형별로 구분하면, 첫째, 환경영향평가를 거쳐야 함에도 거치지 아니한 문제, 둘째, 환경영향평가 실시되었지만 환경영향평가가 부실하다는 문제, 셋째, 환경영향평가가 실시되었지만 주민의견수렴 절차가 부실하다는 문제, 마지막으로 환경영향평가 완료 전에 공사시행 금지 규정을 위반한 문제 등이 있다.

먼저 환경영향평가를 실시하여야 함에도 불구하고 환경영향평가를 거치지 아니한 경우로 도창리 종합훈련장 사건이 있다. 이 사건에서 대법원은 "환경영향평가를 실시하여야 할 사업이 환경을 해치지 아니하는 방법으로 시행되도록 함으로써 당해 사업과 관련된 환경공익을 보호하려는 데 그치는 것이 아니라, 당해 사업으로 인하여 직접적이고 중대한 환경피해를 입으리라고 예상되는 환경영향평가대상지역 안의 주민들이 전과 비교하여 수인한도를 넘는 환경침해를 받지 아니하고 쾌적한 환경에서 생활할 수 있는 개별적 이익까지도 보호하려는 데에 있는 것인데 환경영향평가를 거쳐야 할 대상사업에 대하여 환경영향평가를 거치지 아니하였음에도 불구하고 승인 등 처분이 이루어진다면, 사전에 환경영향평가를 함에 있어 평가대상지역 주민들의 의견을 수렴하고 그 결과를 토대로 하여 환경부장관과의 협의내용을 사업계획에 미리 반영시키는 것 자체가 원천적으로 봉쇄되는바, 이렇게 되면 환경파괴를 미연에 방지하고 쾌적한 환경을 유지 · 조성하기 위하여 환경영향평가제도를 둔 입법 취지를 달성할 수 없게 되는 결과를 초래

할 뿐만 아니라 환경영향평가대상지역 안의 주민들의 직접적이고 개별적인 이익을 근본적으로 침해하게 되므로, 이러한 행정처분의 하자는 법규의 중요한 부분을 위반한 중대한 것이고 객관적으로도 명백한 것이라고 하지 않을 수 없어, 이와 같은 행정처분은 당연무효"라고 판시했다.[105] 이를 정리하면 환경영향평가를 실시하여야 함에도 불구하고 사업계획 승인처분을 하기 전에 환경영향평가를 하지 아니한 경우 하자는 중대하고 명백하여 무효라는 것이다.

둘째, 환경영향평가는 실시되었지만 환경영향평가가 부실하다는 쟁점이 다루어진 제주해군기지 사건의 환경영향평가에서 멸종위기종의 존재를 누락하는 등의 환경영향평가가 부실하다는 하자(실시시기는 별론으로 한다)에 대하여 대법원은 "환경영향평가단계에서 멸종위기종의 존재를 누락하는 등 위 환경영향평가가 다소 미흡한 부분이 있었다고 하더라도 그 부실의 정도가 환경영향평가제도를 둔 입법 취지를 달성할 수 없을 정도이어서 환경영향평가를 하지 아니한 것과 다를 바 없는 정도의 것이라고 할 수는 없다"라고 하여 위법은 아니라고 판단하였다.[106]

셋째, 환경영향평가가 실시되었지만 주민의견수렴 절차가 부실하다는 문제가 다루어진 전주 35사단 이전 사건[107]에서, 원고는 「환경영향

105 대법원 2006. 6. 30. 선고 2005두14363 판결.

106 대법원 2012. 7. 5. 선고 2011두19239 전원합의체 판결.

107 서울행정법원 2011. 1. 19. 선고 2010구합31355 판결; 서울고등법원 2011. 12. 8. 선고 2011누8576 판결; 대법원 2014. 3. 13. 선고 2012두1006 판결.사실 관계는 다음과 같다. 피고보조참가인(전주시장, 이하 '참가인'이라 한다)은 그 관할구역 내에 있는 사단의 이전사업(이하 '이 사건 사업'이라 한다)을 추진하는 과정에서 2005년 12월 30일 피고로부터 위 사업의 시행자로 지정되었다(이하 '이 사건 사업시행자 지정처분'이라 한다). 참가인은 아래와 같은 내용이 포함된 이 사건 사업의 실시계획을 수립하여 피고에게 그 승인을 신청하였고, 피고(국방부장관)는 2007년 4월 20일 국방 · 군사시설 사업에 관한 법률(이하 '국방사업법'이라 한다) 제4조에 따라

평가법」 제16조제1항에 따르면 개발행위가 이루어지기 전에 환경영향평가가 이루어져야 함에도 불구하고 종전처분에 따라 공사가 진행된

위 실시계획에 대한 승인을 한 후(이하 '종전처분'이라 한다), 국방부 고시 제2007-13호로 이를 고시하였다.

o 사업의 명칭 : 국방 · 군사시설사업
o 사업의 개요 : 군부대 이전사업
o 시행기간 : 2007. 4.경 - 2010. 12. 31.
o 사업시행청과 그 주소
시행청 : 참가인
주소 : 전주시 완산구 노송광장 1길 1
o 토지의 세목 : 전라북도 임실군 (주소 1 생략) 외 1,784필지 7,105,464.2㎡

원고 1 등 위 사업부지에서 거주하고 있던 주민 42명은 피고를 상대로 서울행정법원 2009구합3316호로 종전처분 무효확인의 소를 제기하고 같은 법원 2009아769호로 종전처분의 집행정지 신청을 하였고, 위 법원은 2009년 6월 22일 종전처분에 대한 집행정지결정(이하 '이 사건 집행정지결정'이라 한다)을 하였고 같은 해 10. 9. 이 사건 사업이 환경영향평가 대상사업임에도 피고가 환경영향평가가 실시되지 않은 상태에서 이 사건 사업의 실시계획을 승인하였다는 이유로 종전처분이 무효임을 확인하는 판결(이하 '이 사건 판결'이라 한다)을 선고하였다. 피고가 위 판결에 대하여 서울고등법원 2009누34831호로 항소하였으나 2010년 8월 20일 항소기각 판결이 선고되었다. 종전판결이 선고되자 피고는 이 사건 사업과 관련하여 환경영향평가(이하 '이 사건 환경영향평가'라 한다)를 실시한 후 아래와 같은 내용이 포함된 이 사건 사업의 실시계획을 수립하여 피고에게 그 승인을 신청하였고, 피고는 2010년 5월 20일 국방사업법 제4조에 따라 위 실시계획에 대한 승인을 한 후(이하 '이 사건 처분'이라 한다), 국방부 고시 제2010-21호로 이를 고시하였다.

o 사업의 명칭 : 국방 · 군사시설사업
o 사업의 개요 : 00부대 이전사업
o 시행기간 : 2006. 3. 7. - 2011. 12. 31.
o 사업시행기관과 그 주소
시행청 : 참가인
주소 : 전주시 완산구·노송광장로 10
o 사업용지로 수용 또는 사용할 토지의 세목
전라북도 임실군 (주소 1 생략) 외 1,826필지 7,380,724.5㎡(이하 '이 사건 사업부지'라 한다)

이에 지역 주민들은 위 처분이 주위적으로 무효임을 확인하고, 예비적으로 취소를 구하는 소송을 제기하였다. 정리하면 이 사건 종전처분에 대하여 서울행정법원(서울행정법원 2009. 10. 9. 선고 2009구합3316 판결 [국방 · 군사시설사업실시계획승인처분무효확인])에서는 인용, 서울고등법원에서는 항소가 기각되었다(서울고등법원 2010. 8. 20. 선고 2009누34831 판결). 이후 이 사건 처분에 대하여는 제1심 각하 및 기각(서울행정법원 2011. 1. 19. 선고 2010구합31355 판결), 제2심 기각(서울고등법원 2011. 12. 8. 선고 2011누8576 판결), 대법원(대법원 2014. 3. 13. 선고 2012두1006 판결)에서도 기각되었다.

상태에서 환경영향평가가 이루어져서 위법하다고 주장하였다. 그러나 대법원은 원심에서 "이 사건 사업과 관련한 공사가 진행되지 않은 상태를 기준으로 이 사건 환경영향평가를 실시하였을 뿐만 아니라, 그 과정에서 이 사건 환경영향평가 대상지역 주민들의 의견을 수렴하여 그 결과를 이 사건 처분에 반영하였으므로 이 사건 환경영향평가가 사전 환경영향평가제도의 취지에 반하여 실시되었다고 볼 수 없다"고 보고, "비록 이러한 절차가 종전처분으로 인하여 일부 주민이 이미 이주한 상태에서 이루어졌다 하더라도 이러한 사정만으로 주민의견수렴절차가 이루어지지 않았다고 볼 수 없고, 이 사건 사업의 개요 및 환경영향평가서 초안 등의 공고·공람 및 주민설명회 개최 등의 절차 및 그 진행경과 등을 고려하면 참가인으로서는 이 사건 환경영향평가를 위한 주민의견수렴절차를 거쳤다고 봄이 타당하다는 취지로 판단"한 것에 대한 위법이 없다고 하였다.[108]

마지막으로 환경영향평가 완료 전에 공사시행 금지 규정을 위반한 문제에 대하여, 대법원은 「환경영향평가법」에서 "환경영향평가절차가 완료되기 전에 공사시행을 금지하고, 이와 관련된 위반행위에 대하여 형사처벌을 하도록 한 것은 환경영향평가의 결과에 따라 사업계획 등에 대한 승인 여부를 결정하고, 그러한 사업계획 등에 따라 공사를 시행하도록 하여 당해 사업으로 인한 해로운 환경영향을 피하거나 줄이고자 하는 환경영향평가제도의 목적을 달성하기 위한 데에 그 입법 취지가 있다고 보아야 한다."라고 하고, "사업자가 이러한 사전 공사시행 금지규정을 위반하였다고 하여 승인기관의 장이 한 사업계획 등

108 대법원 2014. 3. 13. 선고 2012두1006 판결.

에 대한 승인 등의 처분까지 당연히 위법하게 된다고는 볼 수 없다. 사전 공사시행 금지규정을 위반한 경우 실시계획 승인처분까지 위법하게 되는 것을 전제로 판단한 원심의 이유 설시에 일부 적절하지 않은 점이 있으나, 원심이 이 사건 처분이 적법하다고 본 결론은 정당하다. 거기에 상고이유 주장과 같은 사전 공사시행 금지규정 위반의 하자에 관한 법리오해로 인하여 판결에 영향을 미친 위법이 없다."라고 판단하였다.[109]

결론적으로 환경영향평가를 거쳐야 함에도 불구하고 환경영향평가 절차를 거치지 아니할 경우에는 중대하고 명백한 하자이기 때문에 무효로 될 것이다. 그런데 대법원은 환경영향평가 절차를 거치기만 한다면 환경영향평가 단계에서의 일부 하자로 인한 위법은 인정되기 어렵고, 일부 의견 수렴절차가 이루어지지 아니하였어도 환경영향평가가 위법이 되기 어렵다고 판단하였다. 그리고 환경영향평가 절차가 끝나기 전에 공사시행을 금지하는 규정 위반과 관련하여 법원은 공사시행 금지 규정 위반의 하자가 승인기관의 장이 한 사업계획 승인 처분까지 위법하게 한다고 볼 수 없다고 판단하고 있다.

생각건대 환경영향평가제도가 환경에 대한 영향을 조사하고 확인하여 사업 등을 진행하는 의사결정의 지원 기능을 갖는다고 할 때,[110] 이 제도는 사업에 대한 요건을 규정한 것도 아니고, 사업 추진시 주민의 동의를 구하는 것을 목적으로 하는 것도 아니므로 환경영향평가에서 절차상 다소 미흡하거나 의견수렴이 되지 아니한 경우라도 위법하다

109 대법원 2014. 3. 13. 선고 2012두1006 판결.

110 박균성, 행정법론(하), 제18판, 박영사, 2020, 885-886면.

고 보기는 어렵다고 할 것이다.

V. 군사시설 건설에 대한 행정구제

군사시설 건설에 대한 행정구제는 군사시설 건설사업의 위법성을 다투는 소송에서 원고적격 및 대상적격 문제, 소송 본안에서 환경영향평가 문제 순으로 검토하고자 한다. 그 이전에 간단하게 직권취소와 가구제의 문제를 검토하기로 한다.

소송 전에 사업시행자의 지정이나 실시계획의 승인에 대한 하자가 있는 경우, 국방부장관은 법적 근거가 없다고 하더라도 스스로 직권취소할 수 있다.[111] 이 경우 위법뿐만 아니라 부당의 사유로도 가능하다[112]

군사시설 건설에 대한 가구제로서 국방・군사시설 실시계획 승인에 대한 집행정지신청이 있다.[113] 집행정지는 기본적으로 예외적인 경우에 인정된다.[114] 집행정지의 요건을 살펴보면, ① 본안이 계속 중일 것, ② 처분 등이 존재할 것, ③ 회복하기 어려운 손해를 예방하기 위한 것

---

111 성봉근・손진상, "실시계획에 대한 인가 절차 및 법적 쟁점", 토지공법연구 제78집, 2017, 28-29면. 도시계획시설 사업자의 사업자 지정이나 실시계획의 인가처분을 한 관할청은 도시계획시설사업의 시행자 지정이나 실시계획 인가처분에 하자가 있는 경우, 별도의 법적 근거가 없더라도 스스로 이를 취소할 수 있다는 판결이 있다(대법원 2014. 7. 10, 선고 2013두7025 판결).

112 박균성, 행정법론(상), 제19판, 박영사, 2020, 473면.

113 행정소송법에서는 "취소소송이 제기된 경우에 처분등이나 그 집행 또는 절차의 속행으로 인하여 생길 회복하기 어려운 손해를 예방하기 위하여 긴급한 필요가 있다고 인정할 때에는 본안이 계속되고 있는 법원은 당사자의 신청 또는 직권에 의하여 처분등의 효력이나 그 집행 또는 절차의 속행의 전부 또는 일부의 정지를 결정할 수 있다. 다만, 처분의 효력정지는 처분등의 집행 또는 절차의 속행을 정지함으로써 목적을 달성할 수 있는 경우에는 허용되지 아니한다."라고 하여 집행정지제도를 규정하고 있다. 집행정지는 취소소송이 아닌 무효등 확인소송인 경우에도 준용된다(행정소송법 제38조제1항).

114 정하중, 행정법개론, 제12판, 법문사, 2018, 779면.

이라는 적극적인 요건과 ① 공공복리에 중대한 영향이 없을 것, ② 본안청구의 이유 없음이 명백하지 않을 것이라는 소극적인 요건이 요구된다.[115] 전주 35사단 이전 사건에서 국방 · 군사시설 실시계획 승인에 대하여 사업부지에 거주하고 있던 주민들이 국방부장관을 상대로 처분 무효확인의 소를 제기하고 집행정지신청을 하였는데, 법원이 집행정지신청을 받아들인 사례가 있었다.[116] 다만 이어진 소송에서도 주민들이 집행정지를 신청하였지만, 주민(신청인)들에게 회복하기 어려운 손해가 발생한다거나 이를 예방하기 위해 공사를 중단할 긴급한 필요가 있다고 인정되지 아니하고, 집행을 정지할 경우 공공복리에 중대한 영향을 미칠 우려가 있다는 이유로 집행정지가 받아들여지지 아니하였다.[117]

대상적격과 관련하여, 군사시설 건설 중 환경영향평가 절차의 위법함을 다투고자 하는 경우가 다수이다. 그런데 환경영향평가는 군사시설 건설을 위한 절차적 요소에 불과할 것이고, 군사시설 건설사업을 실시하기로 결정하는 것은 국방 · 군사시설 실시계획의 인가이므로 이를 소송의 대상으로 하여야 할 것이다. 도창리 종합훈련장 사건,[118] 제

115 홍정선, 행정법원론(상), 제28판, 박영사, 2020, 옆번호 2680-2688. 다른 견해는 신청요건(정지대상인 처분 등의 존재, 적법한 본안소송의 계속, 신청인적격, 신청 이익)과 본안요건(회복하기 어려운 손해발생의 우려, 긴급한 필요의 존재, 공공복리에 중대한 영향을 미칠 우려가 없을 것, 본안청구가 이유 없음이 명백하지 아니할 것)으로 구분하기도 한다(박균성, 행정법론(상), 제19판, 박영사, 2020, 1386-1393면).

116 서울신문, "전주 35사단 이전사업 일시중단", 2009. 6. 26.자.

117 전북일보, "35사단 이전 '속도 낸다'", 2010. 11. 10.자.

118 서울행정법원 2004. 10. 8. 선고 2003구합37607 판결; 서울고등법원 2005. 9. 30. 선고 2004누22697 판결; 대법원 2006. 6. 30. 선고 2005두14363 판결.

주해군기지 사건,[119] 전주 35사단 이전 사건[120]에서 국방 · 군사시설 실시계획에 대한 승인을 독립된 행정처분으로 보고 있다. 국방 · 군사시설 실시계획의 승인은 행정계획이 확정적으로 결정되어 국민의 권리 · 의무에 영향을 미치는 것으로 처분성이 인정됨은 당연하다고 할 것이다.

원고적격에 관하여 「행정소송법」에서는 취소소송 및 무효등 확인소송에 있어서 '법률상 이익이 있는 자'가 제기할 수 있다고 하고 있다(행정소송법 제12조 및 제35조). 군사시설 건설사업 계획 취소소송 등에서 원고적격은 어디까지 인정될 것인가 문제 될 것이다. 우선 「국방 · 군사시설 사업에 관한 법률」에서 국민의 법률상 이익과 직접적인 관계 규정은 찾아보기 힘들다.[121] 그렇지만 「환경영향평가법」에 따른 법률상 이익이 판례를 통하여 인정되고 있다. 법원은 국방 · 군사시설 실시계획 승인에 대한 절차인 환경영향평가의 대상이 되는 지역의 주민들에게 처분으로 인한 환경적 이익이 있다는 이유로 원고적격을 인정하였다. 다만, 전주 35사단 이전 사건에서 환경영향평가 대상지역이 아니고, 처분 전과 비교하여 수인한도를 넘는 환경피해를 받거나 받을 우려가 있다는 것을 입증하지 못한 일부 원고들에 대하여 원고적격을 인정하지 아니 하였다.[122] 따라서 국방 · 군사시설 실시계획 승인에 따라 법률

---

119 서울행정법원 2010. 7. 15. 선고 2009구합15258 판결; 서울고등법원 2011. 6. 16. 선고 2010누27273 판결; 대법원 2012. 7. 5. 선고 2011두19239 전원합의체 판결.

120 서울행정법원 2011. 1. 19. 선고 2010구합31355 판결; 서울고등법원 2011. 12. 8. 선고 2011누8576 판결; 대법원 2014. 3. 13. 선고 2012두1006 판결.

121 국방 · 군사시설 사업계획 승인에 대한 소송은 별론으로 한다.

122 서울행정법원은 "이 사건 환경영향평가 대상지역이 아닐 뿐만 아니라 위 원고들은 이 사건 처분으로 인하여 그 처분 전과 비교하여 수인한도를 넘는 환경피해를 받거나 받을 우려가 있다는 점을 입증하지 못하고 있고, 달리 위 원고들이 이 사건 처분과 관련한 이 사건 사업구역 내

상 이익인 주변 환경 이익 등의 침해 등을 이유로 취소나 무효를 청구하는 경우에 원고적격이 인정된다고 할 것이다.

마지막으로 환경영향평가에서의 절차적 하자의 경우 환경영향평가 법령에서 정한 환경영향평가를 거쳐야 할 대상사업에 대하여 그러한 환경영향평가를 거치지 않았음에도 승인 등 처분을 하였다면 그 처분은 위법하다 할 것이나, 그러한 절차를 거쳤다면 비록 그 환경영향평가의 내용이 다소 부실하다 하더라도 그 부실의 정도가 환경영향평가 제도를 둔 입법 취지를 달성할 수 없을 정도이어서 환경영향평가를 하지 않은 것과 다를 바 없는 정도의 것이 아닌 이상, 그 부실은 당해 승인 등 처분에 재량권 일탈 · 남용의 위법이 있는지 여부를 판단하는 하나의 요소로 됨에 그칠 뿐, 그 부실로 인하여 당연히 당해 승인 등 처분이 위법하게 되는 것이 아니라고 할 것이다.[123]

군사시설 건설사업 관련 법적 사례를 살펴보면, 중점적으로 다투어지는 것은 절차에 관한 문제 특히 환경영향평가 절차에 관한 것이다. 생각건대 환경영향평가제도를 현재와 같이 「환경영향평가법」에 따라 실시하는 것이 아니라, 군사시설 건설사업 관련법 규정 속에 직접적인 절차 규정을 마련하는 것이 사업 추진 간 법적용이나 집행에 있어서 보다 명확하고, 예측가능성을 확보하는 것이라 본다.

토지 등에 관하여 권리를 가진 자나 이해관계인에 해당한다고 인정할 자료도 없다. 따라서 위 원고들에게는 이 사건 처분의 무효확인 또는 취소를 구할 원고적격이 있다고 할 수 없"다고 하였다(서울행정법원 2011. 1. 19. 선고 2010구합31355 판결).

123 대법원 2006. 3. 16. 선고 2006두330 전원합의체 판결 등 참조.

제3장
군사시설 운영과 주변 환경

제3장
군사시설 운영과 주변 환경

제1절 개관

군사시설 운영에서 군의 입장은 국가안전보장의 물적 기반이자 군 작전 수행의 중요한 거점인 군사시설을 보호하는 것이다. 이를 위하여 「군사기지 및 군사시설 보호법」이 마련되어 있다. 「군사기지 및 군사시설 보호법」은 군사시설 주변에 보호구역 등을 지정하고, 보호구역 내에서 일정한 행위를 제한하여 군사시설을 보호하도록 하고 있다. 군사시설의 보호는 보호구역 등의 지정으로만 이루어지는 것은 아니고, 「군형법」과 「군사기밀보호법」의 형사적 제재를 통한 보호와 군사시설 경비 등을 통해서도 이루어지고 있다.

그런데 군사시설의 운영에 있어 국민의 입장에서 살펴보면 군사시설의 운영 등으로 재산권 제한이나 환경 피해를 입을 수 있다는 것이다. 군사시설 중에서 군 공항, 사격장 및 훈련장은 화약 및 폭발물에 의한 소음이 생길 수 있는데, 이러한 소음에 따른 피해도 발생하고 있다. 특히 군 공항의 경우 소음 피해에 대한 소송이 계속되어 법원의 배상 판결이 나오고 있지만 소음피해 지원 법률 등의 입법이 이루어지지 아니하여 분쟁이 계속되고 있다. 군사시설의 특수한 공익성은 인정되어야 하지만, 군사시설로 발생하는 피해에 대한 국민의 무조건적인 수인은 문제가 있다고 할 것이고, 그렇다면 이러한 피해와 그 보상에 관한 법적인 제도가 마련되어야 할 것이다.

군사시설의 보호와 군사시설로 인한 재산권의 제한과 환경 피해를 어떻게 조화롭게 할 것인지가 군사시설 운영에 있어 중요한 과제이다. 이 장에서는 군사시설 운영에 따른 법적인 검토와 이에 대한 문제점 및 개선방안을 고찰하고자 한다.

제2절 국가안전보장의 물적 기반인 군사시설의 보호

Ⅰ. 서설

군사시설 보호에 대한 법률인 「군사기지 및 군사시설 보호법」은 군사시설의 보호와 군 작전의 원활한 수행을 목적으로 하고 있다. 「군사기지 및 군사시설 보호법」은 군사시설 주변에 구역을 지정하여 군사시설에 위협이 되거나 군사시설의 목적에 반하는 행위를 금지하고 있다. 「군사기지 및 군사시설 보호법」 외에도 「군형법」이나 「군사기밀 보호법」도 군사시설을 보호하기 위한 규정을 담고 있다. 이 절에서는 군사시설 보호에 대한 내용을 검토하고, 이에 대한 문제점 및 개선방안을 도출하고자 한다.

Ⅱ. 군사시설의 보호구역 등의 지정과 재산권 제한

1. 군사기지 및 군사시설 보호구역 등

「군사기지 및 군사시설 보호법」에서는 군사시설을 보호하고 군사작전을 원활히 수행하기 위하여 군사기지 및 군사시설보호구역, 비행안전구역, 대공방어협조구역을 설정할 수 있도록 하고 있다.

군사기지 및 군사시설 보호구역은 크게 통제보호구역과 제한보호구역으로 구분된다. 통제보호구역은 고도의 군사 활동 보장이 요구되는 군사분계선의 인접지역과 중요한 군사시설의 기능보전이 요구되는 구역을 말한다. 제한보호구역은 보호구역 중 군사작전의 원활한 수행을 위하여 필요한 지역과 군사시설의 보호 또는 지역 주민의 안전이 요구되는 구역을 말한다(군사기지 및 군사시설 보호법 제2조제6호). 이러한 보호구역은 군사분계선 인접지역(민간인통제선[1]을 기준)과 기타지역으로 세분하

1 민간인통제선은 「군사기지 및 군사시설보호법」 제2조제7호에서 '고도의 군사활동 보장이 요구되는 군사분계선의 인접지역에서 군사작전상 민간인의 출입을 통제하기 위하여 국방부장관이 지정하는 선'이라고 정의한다. 역사적으로 민간인통제선(Civilian Access Control Line, Civilian Access Control Line이라고도 한다.)은 1954년 2월 미 육군 제8군단사령관의 직권으로 설정되었다. 한국전의 휴전 후 미 육군은 [수복지역에 대한] 민간인의 귀농(歸農)을 규제하는 귀농선을 설정하고, 그 북방의 민간인 출입을 금지하였다. 휴전선 방어 임무를 한국군이 담당하면서 1958년 6월 군 작전 및 보안상 지장이 없는 범위에서 출입영농과 입주영농이 허가되었고, 귀농선은 민간인통제선으로 명칭이 바뀌었다. 민통선 통제권이 한국군에게 이양된 후에는 국토 이용의 제고와 북한의 계획적인 선전촌에 대응하기 위한 정책적 필요에 따라 1959년부터

여 보호구역의 범위를 정하고 있고, 해군기지에 대해서는 육상구역과 수역을 세분하여 보호구역의 범위를 정하도록 하고 있다. 보호구역 이외에 항공작전기지의 군용항공기의 안전 등을 위하여 비행안전구역을 설정할 수 있도록 하였으며, 행정구역단위로 대공방어협조구역을 지정할 수 있도록 하였다. 보호구역, 민간인통제선, 비행안전구역 및 대공방어협조구역은 군사기지 및 군사시설의 보호, 군사작전의 원활한 수행 및 군용항공기의 비행안전에 필요한 최소한의 범위 안에서 지정되어야 한다(군사기지 및 군사시설 보호법 제3조). 그러나 지정 범위는 최대로 지정할 수 있는 범위를 의미할 뿐이고, 그 범위 내에서 법의 목적을 고려하여 최소한도로 지정하여야 할 것이다. 군사기지 및 군사시설 보호구역 등의 지정 범위는 다음 표와 같다.

<표-5> 군사기지 및 군사시설 보호구역 등의 지정 범위

<table>
<tr><th colspan="2">구 역</th><th>범 위</th></tr>
<tr><td rowspan="2">군사
분계선
인접지역</td><td>통제보호
구역</td><td>민간인통제선
(군사분계선의 남방 10km 이내) 이북지역</td></tr>
<tr><td>제한보호
구역</td><td>군사분계선의 남방 25km 이내의
민간인통제선 이남지역
민간인통제선 이북지역 중 통일정책추진지역, 취락지역, 안보관광시설지역 등</td></tr>
</table>

99개의 자립안정촌을 건설하였으며, 1968 1973년에는 12개의 재건촌을 건설하였다. 그리고 1973년에는 2개의 통일촌을 건설하였다. "민간인통제구역", 한국민족문화대백과.

기타지역		통제보호구역	중요군사시설 최외곽 경계선으로부터 300m 이내, 방공기지는 500m 이내
		제한보호구역	군사기지등의 최외곽 경계선으로부터 500m 지역(단, 취락지역에 위치 시설의 경우 300m) 폭발물 관련 시설, 방공기지, 사격장 · 훈련장 1km 전술항공작전기지 5km, 지원항공작전기지 및 헬기전용작전기지 2km, 군용전기통신기지는 군용전기통신설비 설치장소의 중심으로부터 반지름 2km 범위 이내
군항	육상구역	통제보호구역	1) 경상남도 진해시 현동, 경화동, 앵곡동, 제황산동, 행암동 및 소사동 웅동수원지 일원 2) 경상남도 마산시 구산면 구복리(계도) 일원 3) 삭제 〈2016. 12. 5.〉 ※ 제한보호구역으로 완화함(아래 7) 참조) 4) 수역 중 통제보호구역 내의 모든 도서
		제한보호구역	1) 군사기지 및 군사시설의 최외곽 경계선으로부터 500미터 범위 이내의 지역 (취락지역은 300미터 범위 이내의 지역) 2) 경상남도 진해시 중 해안선으로부터 500미터 범위 이내의 지역 3) 부산광역시 강서구 가덕도 중 북위 35 - 00 - 12 이북 서쪽수역의 해안선으로부터 500미터 범위 이내의 지역 4) 경상남도 거제시 장목면 중 북쪽 및 동쪽 수역의 해안선으로부터 500미터 범위 이내의 지역 5) 경상남도 마산시 구산면 중 동쪽 수역의 해안선으로부터 500미터 범위 이내의 지역 6) 다음 아래의 좌표지점을 순차적으로 연결한 선 이내의 도서 중 통제보호구역을 제외한 모든 도서 북 위 / 동 경 가) 35 - 03 - 51 / 128 - 37 - 11 나) 35 - 01 - 54 / 128 - 40 - 30 다) 34 - 54 - 34 / 128 - 43 - 13 라) 34 - 59 - 18 / 128 - 49 - 42 마) 35 - 04 - 46 / 128 - 47 - 06 바) 35 - 07 - 10 / 128 - 40 - 02 7) 부산광역시 강서구 가덕도 중 북위 35 - 00 - 12 이남지역

<table>
<tr><td rowspan="2">군항</td><td rowspan="2">수역(水域)</td><td>통제보호구역</td><td>다음 아래의 좌표지점을 순차로 연결한 선과 해안선 안의 수역
북 위 동 경
1) 35 - 08 - 53 128 - 36 - 36
2) 35 - 08 - 12 128 - 36 - 18
3) 35 - 06 - 12 128 - 37 - 42
4) 35 - 05 - 32 128 - 39 - 40
5) 35 - 05 - 50 128 - 40 - 24
6) 35 - 06 - 47 128 - 40 - 02
7) 35 - 07 - 10 128 - 40 - 02</td></tr>
<tr><td>제한보호구역</td><td>다음 아래의 좌표지점을 순차로 연결한 선과 해안선 안의 수역 중 통제보호구역을 제외한 수역
북 위 동 경
1) 34 - 53 - 05 128 - 28 - 15
2) 34 - 53 - 02 128 - 28 - 36
3) 34 - 47 - 09 128 - 44 - 12
4) 34 - 47 - 12 128 - 58 - 36
5) 34 - 51 - 03 129 - 02 - 30
6) 34 - 58 - 53 128 - 59 - 39
7) 34 - 59 - 37 128 - 51 - 07
8) 35 - 03 - 36 128 - 51 - 40
9) 35 - 05 - 00 128 - 50 - 54</td></tr>
<tr><td rowspan="2">항공작전기지</td><td rowspan="2">비행안전구역</td><td>전술항공작전기지의 비행안전구역(법 별표 2)</td><td>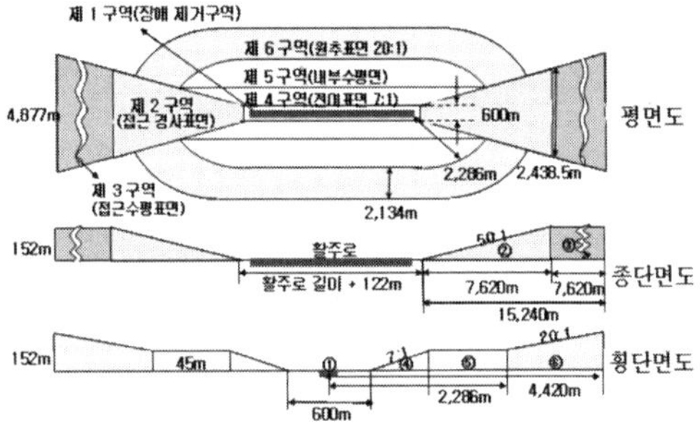
</td></tr>
<tr><td>지원항공작전기지의 비행안전구역(법 별표 3)</td><td>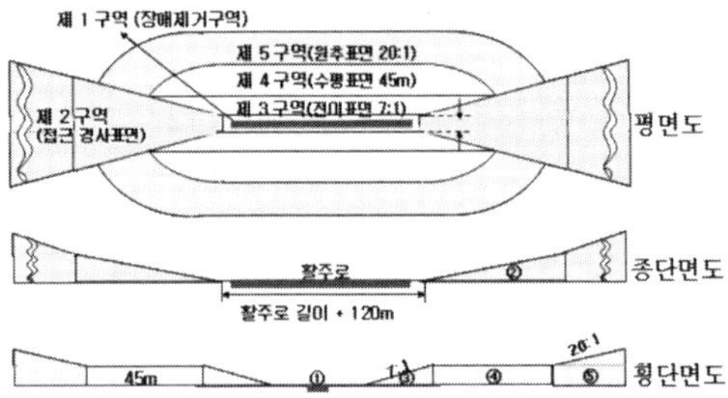
</td></tr>
</table>

<table>
<tr><td rowspan="2">항공작전기지</td><td rowspan="2">비행안전구역</td><td>헬기전용/예비항공 작전기지의 비행안전구역
(법 별표 4)</td><td>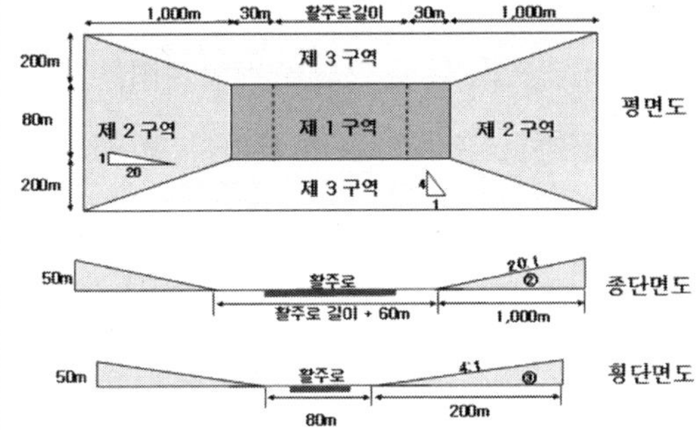
</td></tr>
<tr><td>예비활주로의 비행안전구역
(법 별표 5)</td><td>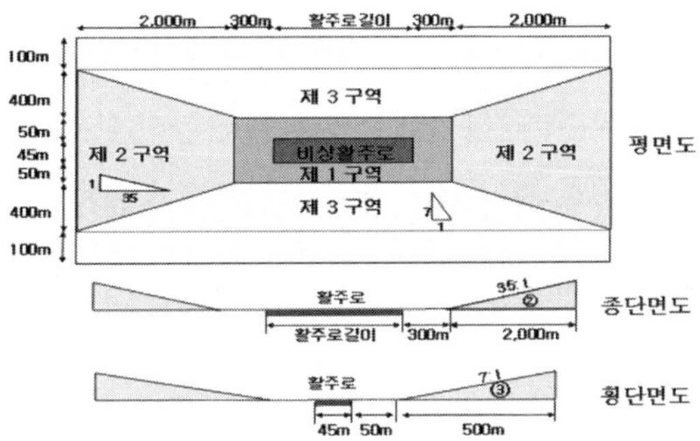
</td></tr>
</table>

위의 표에서 확인한 바와 같이 보호구역의 지정범위 등이 '군사기지 및 군사시설의 최외곽 경계선으로부터 일정범위 이내의 지역'으로 지정하도록 되어 있는데, 이는 군사시설이 설치된 지역은 포함되지 아니하고, 군사시설이 설치된 지역 밖으로부터 일정범위 이내를 군사기지 및 군사시설 보호구역으로 지정한다는 것이다.[2] 그런데 군용전기통신기지의 경우 '군용전기통신설비 설치장소를 중심으로부터 반지름 2킬

2 박영도 · 강현철 · 김명용 · 최환용,「국방 · 군사시설 기본법」 제정 연구, 국방부 연구용역보고서, 한국법제연구원, 2007, 103-104면; 김재호 · 김권일, "군사기지 · 시설 보호와 관련된 법제의 개선방안-군사기지 · 보호 법제의 체계정당성을 중심으로-", 공법연구 제40집 제1호, 2015, 535면.

로미터 범위 이내의 지역'으로 규정하고 있고, 군항의 보호구역의 경우도 '00동 일원', 특정 경위도 이남지역, '수역 중 통제보호구역 내의 모든 도서'라고 표현[3]하여 군사기지 및 군사시설이 설치된 지역까지 보호 범위로 지정되어 있다. 구 「군용항공기지법」(2007. 12. 21. 법률 제8733호로 폐지되기 전의 것)에서도 기지의 구역을 '비행장과 비행안전구역 및 기지보호구역'으로 나누어 비행장(항공기지)을 법의 보호를 받는 구역의 범위 내로 보고 있었다.[4]

생각건대 군사시설이 위치한 지역이 보호구역이 아니라는 것은 모순일 것이고, 군용전기통신기지, 군항의 보호구역 등과 체계성의 측면에서 볼 때, 군사시설 외곽뿐만 아니라 군사시설이 위치한 지역도 군사기지 및 군사시설 보호구역에 포함되어야 할 것이다.[5]

2. 군사기지 및 군사시설 보호구역의 제한행위

(1) 통제보호구역에서의 제한행위

통제보호구역은 앞에서 살펴본 바와 같이 민간인통제선 이북지역과 중요한 군사기지 및 군사시설의 최외곽 경계선으로부터 300미터 범위 이내에서 설정되는 구역을 의미한다. 통제보호구역으로 지정되면 군사작전에 방해가 되는 행위나 군사시설 등을 손상시키는 행위 등을 할

---

3 구 「해군기지법」(2007. 12. 21. 법률 제8733호로 폐지되기 전의 것)에서는 제3조제4항에서 작전기지의 구역의 범위는 다음의 기준에 의하여 설정한다고 하고 육상구역 중 통제보호구역은 군사시설의 최외곽 경계선 안의 지역으로 한다고 하고 있다.

4 김재호 · 김권일, "군사기지 · 시설 보호와 관련된 법제의 개선방안-군사기지 · 보호 법제의 체계정당성을 중심으로-", 공법연구 제40집 제1호, 2015, 535면.

5 김재호 · 김권일, "군사기지 · 시설 보호와 관련된 법제의 개선방안-군사기지 · 보호 법제의 체계정당성을 중심으로-", 공법연구 제40집 제1호, 2015, 535면.

수 없다. 또한 통제보호구역의 출입, 구역 내 건축물의 신축과 수산동식물의 포획 또는 채취가 제한된다(군사기지 및 군사시설 보호법 제9조).

(2) 통제보호구역 및 제한보호구역에서의 제한행위

제한보호구역 등의 행위제한 사항으로는 군사기지 또는 군사시설의 촬영 · 묘사 · 녹취 · 측량 또는 이에 관한 문서나 도서 등의 발간 · 복제,[6] 보호구역 등의 표지의 이전 또는 훼손, 군함의 항로 방해, 군사작전이나 항해에 장애가 될 우려가 있는 유해물의 유기(遺棄), 군용항공기를 제외한 항공기의 항공작전기지에의 착륙, 군사시설 또는 군용항공기를 손괴하거나 그 기능을 손상시키는 행위, 군용항공기를 향하여 물건을 던지거나 군용항공기 운항에 위험을 일으킬 우려가 있는 행위, 제한보호구역 안에서의 군용통신에 장애가 되는 건축물의 건축, 공작물 · 매설물 등의 설치가 있다(군사기지 및 군사시설 보호법 제9조).

(3) 비행안전구역에서의 금지 또는 제한행위

비행안전구역에서는 비행 안전을 위한 건축물의 건축이나 시설물의 설치, 방치를 제한하고 있으며, 건축물의 높이도 제한하고 있다. 그리

6 대법원은 "인터넷 홈페이지에 게재하거나 게재되게 한 글에 군사시설보호구역 내 군사시설과 군용항공기지 형상을 촬영한 사진을 삽입함으로써 이에 관한 문서나 도화, 도서를 발간하였다고 하여 구 군사시설보호법 및 구 군용항공기지법 위반으로 기소된 사안에서, 인터넷 홈페이지 글에 사진을 삽입한 것을 '문서나 도화, 도서의 발간'으로 볼 수 없다는 이유로 무죄를 인정한 원심판단을 정당하다"고 판결하였다. 이에 대하여 현행 "군사기지 또는 군사시설의 촬영 · 묘사 · 녹취 · 측량 또는 이에 관한 문서나 도서 등의 발간 · 복제(군사기지 및 군사시설 보호법 제9조제1항제4호)"라고 하는 금지조항에 "정보통신망 등을 이용하여 공공연하게 게재 또는 전시"하는 행위도 포함시켜 처벌하게 하여 입법상의 흠결을 해결하여야 한다는 견해가 있다(김혁중, "국가안전보장과 주민의 참여", 저스티스 통권 제134-3호, 한국법학원, 2013, 295면). 최근 일반 문서나 도서 등의 발간 · 복제보다 정보통신망에 의한 전파력이 매우 큰 점을 고려할 때 위 견해는 타당하다.

고 비행 안전을 위협하는 항공등화의 인지를 방해하거나 오인할 우려가 있는 유사등화의 설치, 연막 · 증기의 발산 또는 색채유리나 그 밖의 반사물체의 진열 등을 금지 또는 제한하고 있는데, 1구역에서 6구역까지 구역에 따라 그 제한의 정도를 달리 정하고 있다(군사기지 및 군사시설 보호법 제10조). 이러한 제한사항을 위반할 경우 벌칙규정에 의하여 처벌받게 된다.

<표-6> 군사기지 및 군사시설 보호구역 등의 제한행위

구 분	제한내용
보호구역 (법 제9조)	- 군사기지 및 군사시설에의 출입(통제보호구역) - 건축물의 신축(통제보호구역) - 수산동식물의 포획 또는 채취(통제보호구역) - 군사기지 또는 군사시설의 촬영 · 묘사 · 녹취 · 측량 또는 이에 관한 문서나 도서 등의 발간 · 복제 - 보호구역 등의 표지의 이전 또는 훼손 - 군함의 항로 방해 - 표류물, 침몰물의 습득 또는 군사작전이나 항해에 장애가 될 우려가 있는 유해물의 유기(遺棄) - 군용항공기를 제외한 항공기의 항공작전기지에의 착륙 - 군사시설 또는 군용항공기를 손괴하거나 그 기능을 손상시키는 행위 - 각종 총포의 발사, 폭발물의 폭발 등의 행위 - 군용통신에 장애가 되는 것으로서 건축물의 건축, 공작물 · 매설물 등의 설치
비행 안전 구역 (법 제10조)	- 1구역에서의 건축물의 건축, 공작물 · 식물이나 그 밖의 장애물의 설치 · 재배 또는 방치(다만, 가장 높은 표면의 높이가 제1구역의 기본표면 표고를 초과하지 않고 군용항공기나 민간항공기의 이륙 · 착륙 및 비행에 방해 또는 장애가 되지 아니하는 범위에서 설치되는 도로, 도로부속물, 하수종말처리 및 폐기물처리에 관한 사업 시행을 위해 지하에 매설하는 시설물 및 그 부속물 등에 대하여는 관할부대장과 협의하여 제외) - 2-6구역에서 그 구역의 표면높이 이상인 건축물의 건축, 공작물 · 식물이나 그 밖의 장애물의 설치 · 재배 또는 방치 - 군용항공기를 제외한 항공기의 비행안전구역 상공의 비행 - 항공등화의 명료한 인지를 방해하거나 항공등화로 오인할 우려가 있는 유사등화의 설치 - 비행장애를 일으킬 우려가 있는 연막 · 증기의 발산 또는 색채유리나 그 밖의 반사물체의 진열

(4) 제한행위 위반에 대한 조치

기본적으로 제한행위를 위반하면 벌칙의 적용을 받는다. 그런데 보호구역 등에서의 제한행위를 위반하여 장애물 등을 설치하였을 경우, 관할부대장 등은 퇴거를 강제하거나 장애물 제거 등의 조치를 명할 수 있고, 이를 이행하지 아니할 경우 「행정대집행법」에 따라 직접 또는 제3자로 하여금 이를 제거하거나 이전할 수 있게 할 수 있다. 급박한 위험이 존재하는 등의 긴급을 요하는 경우에는 명령 없이 관할부대장 등이 장애물을 직접 제거하거나 이전할 수 있고 이에 따른 비용은 재산권자에게 징수할 수 있다(군사기지 및 군사시설 보호법 제11조).

3. 보호구역의 지정·변경·해제

(1) 보호구역의 지정 등 절차

보호구역의 지정 · 변경 · 해제는 합동참모의장(합참의장)이 관계 행정기관의 장과 미리 협의한 후 관계 행정기관의 장의 의견서를 첨부하여, 국방부장관에게 건의하도록 하고, 이 건의에 따라 국방부장관이 보호구역의 지정 · 변경 · 해제를 할 수 있도록 하고 있다(군사기지 및 군사시설 보호법 제4조).

평택미군기지 이전 사건에서 합참의장의 건의 시 행정청과의 협의를 거치도록 한 것이 법령상 재위임 규정이 없어 내부지침에 불과하여 절차상의 위법이 없다고 하였으나,[7] 현행법에서 "관계행정기관의 장과

7 법원은 "「군사기지 및 군사시설 보호법」상 합참의장이 국방장관에게 설정 · 변경 또는 해제에 관하여 건의할 때에 그 절차에 관한 재위임규정을 두고 있지 아니한 점에 비추어 볼 때, 「군사기지 및 군사시설 보호법」 시행규칙 제2조제1항에서 관할부대장 또는 관리부대장으로 하여금

미리 협의한 후 관계 행정기관의 장의 의견서를 첨부하여야 한다"라고 명문으로 규정(군사기지 및 군사시설 보호법 제4조제1항)하고 있기 때문에 관계 행정기관의 장과 협의 절차를 거치지 않을 경우 보호구역의 지정 · 변경 · 해제는 위법하다고 할 것이다.

과거 보호구역의 설정 · 변경 · 해제 시에는 국방부장관이 단독으로 결정하였으나 현재에는 국방부 군사기지 및 군사시설 보호 심의위원회의 심의를 거쳐야 한다(군사기지 및 군사시설 보호법 제4조제3항).

국방부 군사기지 및 군사시설 보호 심의위원회(국방부 심의위원회)[8]는 국토교통부, 환경부, 통일부, 관련 지방자치단체에서 추천하는 자를 포함하도록 하고 있어 국방부 외의 다른 의견도 반영되도록 하고 있다(군사기지 및 군사시설 보호법 제15조 및 같은 법 시행령 제15조). 이외에도 합참의장 소속의 합동참모본부 군사기지 및 군사시설 보호 심의위원회(합참 심의위원회)를 두어 보호구역 지정 건의사항 등을 심의하도록 하고,[9] 관할부

관계행정기관의 장과 협의하여 보호구역의 설정 · 변경 또는 해제에 관한 건의를 할 수 있도록 규정하고 있는 것은 군사시설보호구역의 설정 절차에 관한 행정청 내부의 사무처리준칙을 정한 것에 불과하다. 따라서 그것이 대내적으로 행정청을 기속함은 별론으로 하되 대외적으로 법원이나 일반 국민을 기속하는 효력은 없으므로 관할부대장이 합동참모의장에게 보호구역설정을 건의하기 전에 관계 행정기관의 장과 협의하지 아니하고 건의한 다음 날 비로소 이를 시행하였다고 하여 군사시설보호구역 설정지역을 보호지역으로 설정하는 처분이 대외적 구속력이 있는 법령에 정해진 절차를 위반한 것이라고 할 수 없다"라고 판결하였다(서울행정법원 2006. 12. 5. 선고 2006구합17383 판결).

8 '국방부심의위원회'의 구성을 살펴보면, 국방부차관을 위원장으로 하여, 통일부 · 행정안전부 · 농림축산식품부 · 환경부 · 국토교통부 · 해양수산부 및 관련 지방자치단체의 관계 공무원 중에서 심의 안건과 관련이 있는 해당 행정기관의 장이 추천하는 자와 국방부 및 합동참모본부의 관계 공무원 중에서 국방부장관이 지명하는 자를 위원으로 한다(군사기지 및 군사시설 보호법 시행령 제15조).

9 '합참심의위원회'의 구성을 살펴보면, 위원장은 작전본부장이 되고, 위원은 합동참모본부에 근무하는 자나 육군 · 해군 · 공군 참모총장이 추천하는 자, 심의 안건과 관련이 있는 관할부대 또는 관리부대의 장 또는 참모로 구성한다. 그런데 비행안전구역과 관련된 심의는 심의 안건과 관련이 있는 중앙행정기관의 장이 추천하는 민간 항공전문가(심의사항과 이해관계가 있는 자는 제외한다)를 지명하도록 하고 있고(군사기지 및 군사시설 보호법 시행령 제16조제1항

대장 등 소속으로 관할부대 또는 관리부대 군사기지 및 군사시설 보호 심의위원회(관할부대 심의위원회)를 구성하여 작전책임지역 또는 관리책임지역과 관련된 사항을 심의한다.[10]

군사기지 및 군사시설 보호 심의위원회는 관련 민간 전문가나 중앙행정기관이나 지방자치단체 관계 공무원을 위원으로 구성하도록 하고 있고, 관할부대 심의위원회의 경우 심의사항과 관련하여 필요한 때 관계 행정기관이나 이해관계인의 의견을 들을 수 있도록 하여 참여를 보장하고 있다(군사기지 및 군사시설 보호법 시행령 제17조제2항).

관계행정기관의 협의시 「환경영향평가법」에 따른 전략환경영향평가를 받게 되어 있다. 「환경영향평가법 시행령」에서는 전략환경영향평가는 국방부장관이 보호구역 등을 지정하기 전까지 협의를 마치면 되도록 하나, 협의 절차 이후 심의위원회의 심의를 받도록 하고 있어 실무상 심의위원회의 심의 전 환경부 협의 과정에서 하도록 하고 있다.[11]

만약 군사기지의 용도 해제, 군사시설의 철거, 작전환경의 변화, 그

제4호), 행정기관 등의 처분에 대한 재협의를 요청한 때에는 요청하는 사항에 대하여 심의하는 경우에는 통일부 · 행정안전부 · 농림축산식품부 · 환경부 · 국토교통부 · 해양수산부 및 관련 지방자치단체의 관계 공무원 중에서 심의 안건과 관련이 있는 해당 행정기관의 장이 추천하는 자를 지명하도록 하고 있다(군사기지 및 군사시설 보호법 시행령 제16조제1항제5호).

10 '관할부대심의위원회'의 구성을 살펴보면, 위원장은 관할부대 또는 관리부대의 부지휘관 또는 참모장이 되고, 위원은 관할부대 또는 관리부대의 참모 또는 직할부대장, 심의 안건과 관련이 있는 부대의 장 또는 참모, 관할부대 또는 관리부대의 국유재산 관리업무를 담당하는 자를 중심으로 구성하되, 행정기관의 처분에 관한 협의의 사전상담 결과에 동의하지 아니한 사항이나, 재협의를 요청하는 사항은 통일부 · 행정안전부 · 농림축산식품부 · 환경부 · 국토교통부 · 해양수산부 및 관련 지방자치단체의 관계 공무원 중에서 심의 안건과 관련이 있는 해당 행정기관의 장이 추천하는 자를 포함하도록 하고 있다(군사기지 및 군사시설 보호법 시행령 제17조제1항).

11 환경부, 전략환경영향평가 업무 매뉴얼, 2017, 403면.

밖의 사유로 보호구역 등을 유지할 필요가 없게 된 때에는 지체 없이 이를 해제하여야 한다(군사기지 및 군사시설 보호법 제4조)고 하여 불필요하게 보호구역을 유지하여 국민의 권리를 제한하는 것을 방지하고 있다.

(2) 보호구역의 지정 등의 법적 성격

과거 대법원에서는 군사시설보호구역의 설정행위와 고시에 대하여 '통치행위'나 '행정입법'으로 보아 사법심사의 대상이 되지 않는다고 하였다.[12] 그러나 근래 하급심 판례에서 "군사시설보호법 제6조에 의하면, 보호구역 설정 시 설정사실, 관할부대장, 제한 또는 금지사항 및 위반자에 대한 처벌의 취지 기타 필요한 사항을 알리는 표지판을 설치하는 방법으로 이를 대외적으로 공표하도록 하고 있고, 따라서 표지판의 설치에 의하여 이 사건 설정지역을 보호구역으로 설정하는 처분의 효력이 발생하였다."라고 하여 군사시설 보호구역 표지판의 설치를 처분으로 보고 있다.[13]

하급심 판결이지만, 군사시설 보호구역 지정 등으로 국민의 재산권 행사가 제한되는 바, 군사시설 보호구역 등의 지정 및 고시에 대한 처분성을 인정하는 것은 타당하다고 할 것이다.

(3) 위법한 보호구역의 지정에 대한 구제

위법한 군사기지 및 군사시설 보호구역이 지정되었을 경우 이에 대한 판단 기준이 문제된다. 평택 미군기지 사건에서 하급심 판례지만

---

12 이상철, 국방행정법원론, 도서출판 봉명, 2008, 358-359면; 대법원 1983. 6. 14. 선고 83누43 판결; 대법원 1985. 1. 22. 선고 83누279 판결.

13 서울행정법원 2006. 12. 5. 선고 2006구합17383 판결.

위법한 보호구역의 지정에 판단기준을 구체적으로 살펴볼 수 있다.[14] 이 판례에서 보호구역 지정 등의 위법성에 대하여 절차적 하자와 실체적 하자를 구분하여 판단하였다. 절차적 하자는 군사기지 및 군사시설 보호구역의 설정 등의 절차가 올바르게 준수되었는지 여부를 심사하는 것이고, 실체적 하자는 군사시설에 해당하는지 여부와 군 작전 수행이 필요한 지역인지 여부를 판단기준으로 하였다. 절차적 하자는 앞서 검토한 보호구역 지정 절차를 위반하였는지에 대한 판단이다.

실체적 하자에 대한 판단으로 군사시설에 해당되는지 여부는 문제되는 시설이 「군사기지 및 군사시설 보호법」상의 군사시설에 해당하는지 여부를 판단하는 것으로 평택 미군기지 사건에서는 "사용목적이 임시적이든 영구이든 상관없이 진지 · 장애물 등 기타 군사목적에 직접 공용되는 시설에 해당하기만 하면 군사시설에 해당한다고 할 것"이라고 하고, "현재 완공 혹은 완성되지 않았다고 할지라도 가까운 장래에 그 설치가 구체적이고 확정적으로 예정되어 있는 것이라면 이는 보호구역 설정으로 보호하여야 할 군사시설에 포함되는 것이라고 할 것이다."라고 판단하였다.[15]

군 작전 수행이 필요한 지역인지 여부에 관하여 법원은 "군 작전이란 '군사적 목적을 이루기 위하여 행하는 전투, 수색, 행군, 보급 따위의 조치나 방법 등'에 국한되지 아니하고 '전략, 작전술, 전술, 군수 또는 훈련을 포함하는 군의 행동 또는 군임무의 수행, 즉 어떤 전투나 전력의 목표를 달성하는 데 필요한 모든 수행과정, 지원과정, 훈련과정'

14 서울행정법원 2006. 12. 5. 선고 2006구합17383 판결.
15 서울행정법원 2006. 12. 5. 선고 2006구합17383 판결.

을 말한다고 할 것인바, 이 사건에서와 같이 새로운 군사기지의 건설은 군전투나 전력의 목표를 달성하기 위한 지원과정으로서 군 작전의 개념에 충분히 포함되고, 그 기지 건설과정에서의 경계, 기밀유지 등을 위한 작업 또한 군 작전에 해당한다고 할 것이다."라고 하여 군 작전 수행에 필요하다고 판단하였다. 평택 미군기지 판결은 하급심이지만, 군사기지 및 군사시설 보호구역 설정처분에 대한 심사기준을 제시하였다는 점에서 의미가 있다고 할 것이다.

4. 행정기관의 처분에 관한 협의

행정기관에서 보호구역 안에서의 각종 허가나 그 밖에 처분을 하거나 그 행위를 직접 하려는 때에 중앙기관의 장은 국방부장관과 협의를 하여야 하고, 그 밖의 행정기관의 장은 관할부대장 등과 협의를 하여야 한다(군사기지 및 군사시설 보호법 제13조).

<표-7> 행정기관의 처분에 있어서 협의가 필요한 사항

행정기관의 처분에 있어서 협의가 필요한 사항(법 제13조제1항 및 제2항)
- 건축물의 신축 · 증축 또는 공작물의 설치와 건축물의 용도변경- 도로 · 철도 · 교량 · 운하 · 터널 · 수로 · 매설물 등과 그 부속 공작물의 설치 또는 변경- 하천 또는 해면의 매립 · 준설(浚渫)과 항만의 축조 또는 변경- 광물 · 토석(土石) 또는 토사(土砂)의 채취- 해안의 굴착- 조림 또는 임목(林木)의 벌채- 토지의 개간 또는 지형의 변경- 해저시설물의 부설 또는 변경- 통신시설의 설치와 그 사용- 총포의 발사 또는 폭발물의 폭발- 해운의 영위- 어업권 또는 양식업권의 설정, 수산동식물의 포획 또는 채취- 부표(浮標) · 입표(立標), 그 밖의 표지의 설치 또는 변경 - 비행안전구역 안 금지행위에 해당하는 건축물의 건축, 공작물 · 등화의 설치 · 변경 또는 식물의 재배 - 대공방어협조구역 안에서 일정 높이 이상의 건축물의 건축 및 공작물의 설치

국방부장관 또는 관할부대장 등은 협의요청을 받은 경우 소관 군사기지 및 군사시설 보호 심의위원회의 심의를 거쳐 30일 이내에 그 의견을 관계 행정기관의 장에게 통보하여야 하고, 이 경우 그 의견에 대한 구체적인 사유를 명시하여야 한다(군사기지 및 군사시설 보호법 제13조제3항). 관련 의견을 통보받은 관계 행정기관의 장은 그 의견에 이의가 있는 경우 재협의 사유를 명시하여 국방부장관 또는 관할부대장 등에게 재협의를 요청할 수 있다. 협의결과에 이의가 있는 허가 등의 당사자도 그 사유를 명시하여 관계 행정기관의 장에게 국방부장관 또는 관할부대장 등과 재협의하여 줄 것을 요청할 수 있고, 이 경우 관계 행정기관의 장은 특별한 사유가 없는 한 이에 따라야 하도록 규정하고 있다(군사기지 및 군사시설 보호법 제13조 및 같은 법 시행령 제13조).

이러한 절차를 거친 뒤 협의에 대한 국방부장관 또는 관할부대장 등의 동의나 부동의 등의 의견에 따라 행정기관이 관련 처분을 하게 된다. 국방부장관 또는 관할부대장 등은 관계 행정기관의 장이 협의를 거치지 아니하거나 협의조건을 이행하지 아니하고 허가 등을 한 경우에는 당해 행정기관의 장에게 그 허가 등의 취소, 행위의 중지, 시설물의 철거 등 원상회복에 필요한 조치를 할 것을 요청할 수 있고, 그 요청을 받은 행정기관의 장은 특별한 사유가 없는 한 이에 응하여야 한다고 하여 관계 행정기관의 장이 협의 절차를 위반하지 못하도록 강제하고 있다(군사기지 및 군사시설 보호법 제13조제9항).

(1) 협의의 법적 성격

관계 행정기관의 장이 처분을 할 때, 전문적이고 기술적인 내용을 알고 있는 국방부장관이나 관할부대장 등의 협의에 대하여 현실적으로 구속될 수밖에 없다. 여기에서 관할부대장 등과 협의는 실무상 소위 '작전성 검토'를 의미하며, 작전성 검토란 "해당 군사시설보호구역내에서의 일정한 건축물 등의 증·개축, 형질의 변경 등의 행위가 군사시설보호 및 군사작전의 원활한 수행을 저해하지 아니하는가 여부를 관할 군부대의 작전계획에 비추어 판단하는 것"을 말한다.[16]

그런데 이러한 관계 행정기관의 장과 국방부장관 또는 관할부대장 간의 협의를 바탕으로 이루어진 처분 등에 대하여 토지소유자 등 재산권자가 불복할 경우 구제가 가능한지 문제가 된다. 특히 국방부장관이나 관할부대장 등의 협의에 하자가 있거나, 허가 등에 동의하는 대신에 일정한 부담을 지우게 되는 상황이 문제가 될 것이다.[17] 대법원은 관할부대장 등과의 협의의 성격에 대하여 동의를 의미한다고 하고,[18] 동의 그 자체는 처분성이 인정되지 않아 그 자체를 대상으로 행정소송을 제기할 수 없다고 한다.[19]

---

16 이상철, 국방행정법원론, 도서출판 봉명, 2008, 368면; 박영만, "군사상 필요에 의한 사인의 토지재산권에 대한 공용침해와 그 구제", 경북대학교 박사학위논문, 2000, 88면.

17 이러한 문제의식은 박영만, "군사시설보호법상 '협의' 절차와 항고소송", 한국행정판례연구회 편, 행정판례연구 VI, 박영사, 2001; 조성제, "행정법상 협의제도에 관한 고찰 군사기지 및 군사시설보호법상 협의를 중심으로 -", 강원법학 제40권, 강원대학교 비교법학연구소, 2013에서도 제기되었다.

18 대법원은 군사시설 보호법의 협의의 성격에 대하여 "군사시설보호법(1993.12.27. 법률 제4617호로 전문 개정되기 전의 것)에 의하면, 관계 행정청이 군사시설보호구역 안에서 가옥 기타 축조물의 신축 또는 증축, 입목의 벌채 등을 허가하고자 할 때에는 미리 관할 부대장과 협의를 하도록 규정하고 있고(제7조제3, 6, 7호), 동법시행령(1994.7.20. 대통령령 제14329호로 전문 개정되기 전의 것) 제10조제2항에 비추어 보면, 여기서 협의는 동의를 뜻한다 할 것이며, 같은 조 제3항에 의하면, 관계행정청이 이러한 협의를 거치지 않거나 협의를 한 경우에도 협의조건을 이행하지 아니하고 건축허가 등을 한 경우에는 당해 행정청에 대하여 그 허가의 취소 등을 요구할 수 있고, 그 요구를 받은 행정청은 이에 응하여야 한다고 규정하고 있으므로, 군사시설보호구역으로 지정된 토지는 군 당국의 동의가 없는 한 건축 또는 사용이 금지된다 할 것이다(당원 1992.9.22. 선고 91누8876 판결; 1991.12.27. 선고 91누4515 판결 참조)."라고 판시하고 있다(대법원 1995. 3. 10. 선고 94누12739 판결).

19 차경상, "군사기지 및 군사시설 보호법제에 관한 연구 : 개인의 재산권 보장 제도를 중심으로",

(2) 협의시 부동의에 대한 구제

일례로 지방자치단체에 건축허가 등의 신청에 대하여 관할부대장이 그 신청에 대한 협의 과정에서 부동의를 한 경우, 건축허가 등의 신청을 한 자가 관할부대장의 부동의에 대한 위법성을 다툴 수 있는지 문제 된다. 여기에서 쟁점은 「군사기지 및 군사시설 보호법」상 협의절차에서 군부대장의 동의 또는 부동의가 독립된 행정처분이 될 수 있는지의 문제로 될 것이다.[20]

이에 대하여 「군사기지 및 군사시설 보호법」상 "국방부장관 또는 관할부대장 등은 관계 행정기관의 장이 협의를 거치지 아니하거나 협의조건을 이행하지 아니하고 허가 등을 한 경우에는 당해 행정기관의 장에게 그 허가 등의 취소, 행위의 중지, 시설물의 철거 등 원상회복에 필요한 조치를 할 것을 요청할 수 있고, 그 요청을 받은 행정기관의 장은 특별한 사유가 없는 한 이에 응하여야 한다(제13조제9항)."라고 하여 사실상 관할부대장 등의 부동의로 인하여 행정기관의 장이 건축허가 등의 처분을 내릴 수 없다는 것은 명백하고, 이로 인하여 허가 등을 신청한 자의 권리에 직접적인 영향을 준다고 할 것이다. 그러나 행정처분은 국민의 권리의무에 대한 직접적인 변동을 일으키는 행위이고, 국방부장관 또는 관할부대장 등과 관계 행정기관의 장의 협의는 내부적인 행위이기 때문에 이에 대한 처분성이 인정되기 어려우므로 부동의(또는 동의) 자체를 항고소송의 대상으로 하기에는 적법하다고 보기 어렵다.[21]

한국군사학논집 제70집 2권, 육군사관학교, 2014, 207면.

20 박영만, "군사시설보호법상 '협의' 절차와 항고소송", 한국행정판례연구회 편, 행정판례연구 VI, 박영사, 2001, 184면.

21 박영만, "군사시설보호법상 '협의' 절차와 항고소송", 한국행정판례연구회 편, 행정판례연구 VI, 박영사, 2001, 184-185면.

만일 개인이 관계 행정기관이 아닌 관할 군부대 등에 허가 등의 동의를 구하는 민원 등을 제기하고, 관할부대장 등의 거부 회신에 대하여 소를 제기하는 경우, 개인은 허가 등의 협의를 구하는 당사자가 아니기 때문에 이 자에게 거부취소소송을 제기하는 법규상 · 조리상 권리는 있다고 보기 어려우므로 이러한 소는 적법하지 아니할 것이다.[22] 또한 민원회신의 결과 통보는 행정처분도 아니고, 구체적인 공권력의 행사 내지 불행사로도 볼 수 없다.[23]

그런데 관계 행정기관의 장의 처분에 대하여는 행정소송을 제기할 수 있고, 이 처분의 부동의 사유에 관하여도 다툴 수 있을 것이다. 비슷한 예로 소방 관련 법률을 들 수 있다. 「화재예방, 소방시설 설치 · 유지 및 안전관리에 관한 법률」에 따르면 건축허가를 하기 위해서는 소방서장의 건축동의가 필요하다.[24] 소방서장이 건축 부동의를 하여 행정기관이 건축불허가처분을 하였을 때, 주민이 건축불허가처분에 대한 쟁송을 제기한 사건에서 대법원은 "소방서장의 건축부동의 사유

---

22 박영만, "군사시설보호법상 '협의' 절차와 항고소송", 한국행정판례연구회 편, 행정판례연구 VI, 박영사, 2001, 185면.

23 박영만, "군사시설보호법상 '협의' 절차와 항고소송", 한국행정판례연구회 편, 행정판례연구 VI, 박영사, 2001, 185면; 헌법재판소 2000. 10. 25. 선고 99헌마458 결정. 이 결정에서는 "적법한 청원에 대하여 국가기관이 이를 수리, 심사하여 그 결과를 청원인에게 통보하였다면 이로써 당해 국가기관은 헌법 및 청원법상의 의무이행을 다한 것이고, 그 통보 자체에 의하여 청구인의 권리의무나 법률관계가 직접 무슨 영향을 받는 것도 아니므로 비록 그 통보내용이 청원인이 기대하는 바에는 미치지 못한다고 하더라도 그러한 통보조치가 헌법소원의 대상이 되는 구체적인 공권력의 행사 내지 불행사라고 볼 수는 없다."라고 하였다.

24 「화재예방, 소방시설 설치 · 유지 및 안전관리에 관한 법률」 제7조제1항에 따르면 "건축물 등의 신축 · 증축 · 개축 · 재축(再築) · 이전 · 용도변경 또는 대수선(大修繕)의 허가 · 협의 및 사용승인(「주택법」 제15조에 따른 승인 및 같은 법 제49조에 따른 사용검사, 「학교시설사업 촉진법」 제4조에 따른 승인 및 같은 법 제13조에 따른 사용승인을 포함하며, 이하 "건축허가등"이라 한다)의 권한이 있는 행정기관은 건축허가등을 할 때 미리 그 건축물 등의 시공지(施工地) 또는 소재지를 관할하는 소방본부장이나 소방서장의 동의를 받아야 한다."라고 규정하고 있다.

를 들고 있다고 하여 그 건축불허가처분 외에 별개로 건축부동의처분이 존재하는 것이 아니므로, 그 건축불허가처분을 받은 사람은 그 건축불허가처분에 관한 쟁송에서 건축법상의 건축불허가 사유뿐만 아니라 소방서장의 부동의 사유에 관하여도 다툴 수 있다."라고 하여 소방서장의 부동의가 처분이 아니라고 하더라도 그 사유에 대하여 다툴 수 있다고 하였다.

따라서 군사기지 및 군사시설 보호구역 내에서의 허가 등과 관련하여, 관할부대장 등의 부동의에 의하여 행정기관의 장으로부터 불허가 등 처분을 받는다면, 이 불허가 등 처분을 소송 대상으로 하고, 소송 과정에서 관할부대장 등이 판단한 부동의 사유에 관하여 다투어야 할 것이다.

(3) 협의시 조건부 동의에 대한 구제

「군사기지 및 군사시설 보호법」 제4조 및 제5조에 따라 지정된 '군사기지 및 군사시설 보호구역' 내에서 행정기관이 인·허가를 하기 위해서는 같은 법 제13조제1항에 따라 협의 절차를 거쳐 국방부장관이나 관할부대장 등으로부터 동의를 받아야 하는데, 이때 국방부장관·관할부대장 등은 군사작전에 미치는 영향과 그 해소 대책을 검토하여 동의 여부를 결정하게 된다. 다만, 의견을 통보하는 국국방부장관·관할부대장 등은 허가 등의 신청인이 대체 시설의 설치 등의 사항을 이행하는 것이 군사적인 장애 요소를 해소하기 위하여 필요한 경우에 한하여 해당 사항을 이행하도록 하는 조건을 붙여 동의할 수 있다(제13조제6항).[25] 그렇

25 조건부동의는 당초 시행규칙에서 규정하고 있었다. 그러나 '시행규칙에서 모법의 위임 없이

다면 '군사기지 및 군사시설 보호구역' 내에서 조건부 동의가 이루어지는 경우에 이에 대한 법적 성격이 문제된다.

우선 조건부 동의가 이루어질 때, 그러한 조건(부관)의 내용으로 당사자 간의 합의각서[26] 체결을 요한다는 점에서 '법정(法定) 불확정 부관'이라고 보는 견해가 있다.[27] 불확정 부관이라 함은, "부가 당시에 그 내용 및 범위가 확정되어 있지 않은 것으로서, 수허가자가 이를 이행하기 위하여 별도의 행위를 통해 행정청의 구속적 · 비구속적 협력을 구해야 하는 형태의 부관"을 의미한다고 한다.[28] 그런데 「군사기지 및 군사시설 보호법」상 조건부 동의는 이미 법령에 추후의 협약 체결이 예정되어 있을 뿐만 아니라 조건부 동의 상대방은 일반 사인이 아닌 행정기관이기 때문에, 법적 안정성이나 신뢰보호의 관점에서 큰 문제는 없다는 것이다.[29]

국방부장관 또는 관할부대장등이 조건을 정하여 동의할 수 있도록 하고 있으며, 협의의 유효기간을 정하고 해당 기간 내에는 재협의를 하지 못하도록 하는 규정을 둠으로써 재협의를 어렵게 만들고 있어 법률유보의 원칙에 위배될 뿐 아니라 국민의 권리를 침해할 우려가 있다는 지적이 있어' 2018. 12. 24. 개정되어 법률에 반영되었다. 다만 조건부동의를 할 때, ① 부대 복지시설의 설치 또는 비품의 제공 등 해당 협의 사안과 직접 관련이 없는 사항, ② 군사적인 장애 요소 해소에 필요한 수준 이상의 과다한 물자 및 장비, ③ 그 밖에 불합리하거나 과다한 조건에 해당하는 사항을 요구하거나 재협의를 제한할 수 없다(「군사기지 및 군사시설 보호법」 제13조제6항 각호).

26 이에 대하여 공법상 계약의 성질을 갖는다는 견해가 있다(이승민, "'불확정 부관(개방형 부관)'에 대한 법적 검토 협의, 협약(계약) 체결, 사후 승인신청 등을 요하는 부관의 법적 문제점, 행정법연구 제48호, 행정법이론실무학회, 2017, 161면).

27 이승민, "'불확정 부관(개방형 부관)'에 대한 법적 검토 협의, 협약(계약) 체결, 사후 승인신청 등을 요하는 부관의 법적 문제점, 행정법연구 제48호, 행정법이론실무학회, 2017, 161면.

28 이승민, "'불확정 부관(개방형 부관)'에 대한 법적 검토 협의, 협약(계약) 체결, 사후 승인신청 등을 요하는 부관의 법적 문제점, 행정법연구 제48호, 행정법이론실무학회, 2017, 157면.

29 이승민, "'불확정 부관(개방형 부관)'에 대한 법적 검토 협의, 협약(계약) 체결, 사후 승인신청 등을 요하는 부관의 법적 문제점, 행정법연구 제48호, 행정법이론실무학회, 2017, 161면. 그러나 국방부장관 또는 관할부대장 등과 행정기관간의 다툼이 있을 수 있다. 이에 대한 논의는 박영만, "군사시설보호법상 '협의' 절차와 항고소송", 한국행정판례연구회 편, 행정판례연구 VI,

생각건대 허가 등을 신청한 국민의 입장에서는 앞서 검토한 협의시 부동의에 대한 구제방법과 같이 행정기관의 불허가 등 처분에 대한 취소소송 등이 가능할 것이며, 소송 중에 조건부 동의에 대한 하자를 다투어야 할 것이다.

5. 보호구역 지정에 따른 손실보상

(1) 보호구역 등의 지정에 따른 재산권 제한과 손실보상

군사기지 및 군사시설 보호구역 등으로 지정될 경우, 모든 국민은 앞서 살펴본 바와 같이 다양한 행위 제한을 받는다. 그중에서 보호구역 내 토지 소유자 등 재산권자의 경우 보호구역 등의 지정으로 인하여 재산권이 침해되는 경우가 있다. 이러한 재산권의 제한은 토지에 대한 출입을 하지 못하는 경우(통제보호구역)와 토지에 대한 건축물이나 공작물의 신축이 제한되는 경우(통제보호구역, 비행안전구역 제1구역)를 들 수 있다. 그리고 건축물이나 공작물의 신축, 증축, 용도변경이나 토지의 개간, 임목의 벌채 등을 위하여 행정기관에 허가 등을 요청할 경우, 행정기관은 관할 군부대등과 협의를 해야 한다는 제한(통제 및 제한보호구역, 비행안전구역)도 토지재산권을 제한하는 것이라 할 수 있다.

토지재산권의 제한에 대한 구제방법은 앞에서 살펴본 바와 같이 보호구역 등의 지정에 대한 위법성을 다투는 것, 보호구역 내 토지와 관련된 신청 불허가 등에 대하여 불복하는 것이 있다. 그리고 다음에서

박영사, 2001; 조성제, "행정법상 협의제도에 관한 고찰 군사기지 및 군사시설보호법상 협의를 중심으로 -", 강원법학 제40권, 강원대학교 비교법학연구소, 2013에서 자세하게 검토하고 있다.

다룰 보호구역 내 재산권의 침해에 따른 손실보상이 있다.

재산권에 대하여 헌법은 모든 국민의 재산권은 보장되고, 그 내용과 한계는 법률로 정하도록 하고 있다(헌법 제23조제1항). 이는 입법자가 법률의 규정으로 재산적 가치가 있는 것의 내용을 규정한 것으로 소위 재산권 내용확정규정(Inhaltsbestimmungs des Eigentumsrecht)이라 한다.[30]

또한 헌법에서는 재산권의 행사는 공공복리에 적합하도록 하여야 한다고 하여 재산권의 사회적 한계 내지 제약을 선언하고 있다(헌법 제23조제2항). 마지막으로 공공필요에 따른 수용 · 사용 · 제한일 경우에는 법률상 정당한 보상을 하여야 한다고 규정하고 있다(헌법 제23조제3항).

어떤 법률의 내용이 헌법 제23조제1항에 따라 재산권을 직접적으로 제한하는 경우, 이와 같은 제한이 재산권의 내재적 한계라면 이를 수인하여야 하고, 별도의 보상은 필요 없지만, 이러한 제한이 수인한도를 벗어나는 경우에는 특별한 희생이 존재한다고 보아 헌법 제23조제3항에 따른 보상이 가능하다는 이론이 소위 경계이론이다.[31] 이 이론은 재산권의 내용규정과 공용수용에 따른 재산권의 침해는 정도의 차이가 있을 뿐 본질적인 차이가 없다는 점에서, 제1항의 한계를 벗어나 특별한 희생이 존재하면 제3항에 따른 보상이 가능하다고 보고 있다.[32] 결국 경계이론에 따르면 공공필요에 의한 재산권의 제약이 재산권에 내재하는 사회적 제약을 넘는 특별희생이 있는 경우 그에 대한 보상을 하여야 한다고 보기 때문에 재산권에 대한 제한이 재산권에 내재하는

30 김해룡, "손실보상의 사유로서의 재산권 내용규정에 관한 고찰", 토지공법연구 제72집, 한국토지공법학회, 2015, 41면.

31 김남철, 행정법강론, 제4판, 박영사, 2018, 613면.

32 김남철, 행정법강론, 제4판, 박영사, 2018, 614면.

사회적 제약인가 특별한 희생인가 하는 문제와 침해 근거 등을 둔 당해 법률에서 보상규정을 두고 있지 않은 경우의 권리구제가 중요한 문제가 된다.[33]

그런데 경계이론과 달리 재산권의 내용·한계와 공용침해를 구분하는 분리이론의 입장이 있다. 분리이론은 1981년 7월 15일 독일연방헌법재판소의 자갈채취사건 등에서 채택되었는데, 이 사건에서는 "입법자가 재산권 내용을 새로이 정함에 있어 개인 재산권에 대한 특별한 희생이 발생되는 경우, 입법자는 스스로 그 희생에 대한 보전수단을 강구하지 아니하면 위헌적인 법률이 된다는 것과 재산권의 내용규정은 법률에 의한 일반적·추상적인 규율이라는 점에서 기본법 제14조제3항이 규정하고 있는 개별적·구체적 법집행행위인 공용수용(Enteigung)과는 제도적으로 구분된다"고 하였다.[34] 이 이론에 따르면 공용수용의 경우에는 수용을 규정하는 법률에 보상규정이 반드시 있어야 한다는 불가분조항(결부조항)이론에 따라 보상규정이 없는 수용처분은 위법한 처분으로서 이에 대한 보상은 독일 기본법 제14조제3항에 의한 보상으로는 제한되고, 취소소송을 통하여 수용을 다투어야 하며 다른 법원칙이나 근거규정을 통하여 손실보상을 청구하여야 한다고 보고 있다.[35]

재산권에 대한 개별적 침해인 공용수용에서 재산권 침해로 인한 특별희생의 여부는 형식적 기준설과 실질적 기준설에 구분되어 왔으

33 박균성, 행정법론(상), 제19판, 박영사, 2020, 833-834면.

34 김해룡, "손실보상의 사유로서의 재산권 내용규정에 관한 고찰", 토지공법연구 제72집, 한국토지공법학회, 2015, 55면.

35 김남철, 행정법강론, 제4판, 박영사, 2018, 615면.

나,[36] 재산권 내용 규정을 둔 법률에서는 비례성 원칙 위반 여부에 대한 판단으로 충분하다고 보는 것이 분리이론의 견해인 것이다.[37]

이러한 이론에 따라 보호구역 지정에 따른 손실보상 문제를 검토하고자 한다.

(2) 보호구역 등의 지정에 따른 손실보상 검토

다수 견해는 분리이론에 따라 군사기지 및 군사시설 보호구역내 행위제한에 대한 손실보상의 문제를 판단하는 것으로 보인다.[38] 이 견해에 따르면 군사기지 및 군사시설 보호구역 등의 지정과 행위제한은 재산권에 관한 권리와 의무를 일반적·추상적으로 확정하는 재산권의 내용규정이라고 본다. 그런데 재산권 내용 규정의 경우에도 비례원칙을 준수하여야 하므로 이에 대한 비례원칙 위반 여부를 검토한다. 보호구역 등의 지정은 국가안전보장이라는 중대한 공익을 보호하기 위

36 무엇이 특별한 희생인지 여부에 대하여 크게 형식적 기준설과 실질적 기준설로 나눌 수 있다. 형식적 기준설은 침해행위가 일반적인 것인지 개별적인 것인지 형식적인 기준에 따라 구별하는 견해이다. 반면 실질적 기준설은 보호가치성설(재산권을 보호가치 있는 것과 없는 것을 구별하여 보호가치 있는 침해만 보호의 대상이라는 특별한 희생이라는 견해), 사적 효용설(사적 효용을 재산권의 본질적 내용으로 보아 재산권이 제한되고 있는 상태에서도 사적 효용이 유지되는 경우 단순한 사회적 제약에 불과하고, 사적 효용을 본질적으로 침해하는 경우 특별한 희생이라는 견해), 목적위배설(종래 인정되어 온 재산권의 이용목적에 위배되는 경우 특별한 희생으로 보는 견해), 상황구속설(토지 등의 재산권의 경우 지정학적 상황에 의하여 강한 사회적 의무가 수반된다고 보고, 재산권이 처한 특수한 상황에 비추어 재산권 주체가 예상할 수 없는 제한이 가해진 경우 특별한 희생으로 보는 견해)로 다시 나누어진다. 통설은 형식적 기준설과 실질적 기준설을 종합하여 판단하는 것이라고 한다(김동희, 행정법 I, 박영사, 2018, 609면; 박균성, 행정법론(상), 제19판, 박영사, 2020, 975면).

37 김해룡, "손실보상의 사유로서의 재산권 내용규정에 관한 고찰", 토지공법연구 제72집, 한국토지공법학회, 2015, 55면.

38 이상철, 국방행정법원론, 도서출판 봉명, 2008, 375면; 이원우, "군사시설 보호구역에 의한 재산권 제한과 피해구제방안", 법학논총 제19집, 한양대학교 법학연구소, 2002, 22면; 차경상, "군사기지 및 군사시설 보호법제에 관한 연구 : 개인의 재산권 보장 제도를 중심으로", 한국군사학논집 제70집 2권, 육군사관학교, 2014, 199면.

한 것으로 목적의 정당성이 인정되고, 통제구역과 제한구역으로 나누어 각각의 규제 정도를 달리하며, 보호구역 설정 등을 필요 최소한도로 허용하고 있고, 보호구역으로 유지할 필요가 없게 된 경우 곧바로 이를 해지하고 있으며, 행정기관의 처분에 대한 협의를 통하여 재산권 제한의 예외를 인정하도록 하는 등의 근거를 마련하고 있으므로 이러한 제한은 공동체의 이익을 위하여 수인해야 할 제한으로 보면서 침해의 최소성과 법익의 균형성에 위배되지 않는다고 본다.[39] 따라서 보호구역 등의 지정은 재산권의 사회적 제한의 범주로 보아 손실보상이 문제될 수 없다고 할 것이다. 그러나 보호구역 등의 지정으로 인하여 토지를 종래의 목적으로 사용할 수 없어 그 효용이 현저하게 감소한 토지 재산권자의 경우 재산권의 한계를 넘는 특별한 희생이 발생했다고 볼 수 있다.[40] 개발제한구역 사건에서 헌법재판소는 "도시계획법 제21조에 의한 재산권의 제한은 개발제한구역으로 지정된 토지를 원칙적으로 지정 당시의 지목과 토지현황에 의한 이용방법에 따라 사용할 수 있는 한, 재산권에 내재하는 사회적 제약을 비례의 원칙에 합치하게 합헌적으로 구체화한 것이라고 할 것이나, 종래의 지목과 토지현황에 의한 이용방법에 따른 토지의 사용도 할 수 없거나 실질적으로 사용 · 수익을 전혀 할 수 없는 예외적인 경우에도 아무런 보상없이 이를

39 이상철, 국방행정법원론, 도서출판 봉명, 2008, 375면; 이원우, "군사시설 보호구역에 의한 재산권 제한과 피해구제방안", 법학논총 제19집, 한양대학교 법학연구소, 2002, 20-22면; 차경상, "군사기지 및 군사시설 보호법제에 관한 연구 : 개인의 재산권 보장 제도를 중심으로", 한국군사학논집 제70집 2권, 육군사관학교, 2014, 199면.

40 이상철, 국방행정법원론, 도서출판 봉명, 2008, 375면; 이원우, "군사시설 보호구역에 의한 재산권 제한과 피해구제방안", 법학논총 제19집, 한양대학교 법학연구소, 2002, 22면; 차경상, "군사기지 및 군사시설 보호법제에 관한 연구 : 개인의 재산권 보장 제도를 중심으로", 한국군사학논집 제70집 2권, 육군사관학교, 2014, 199면.

감수하도록 하고 있는 한, 비례의 원칙에 위반되어 당해 토지소유자의 재산권을 과도하게 침해하는 것으로서 헌법에 위반된다"고 하고 있다.[41] 따라서 군사기지 및 군사시설 보호구역 등의 지정으로 인하여 종래 지목과 토지현황에 의한 이용방법으로 토지를 사용 · 수익하지 못하는 경우 보상이 필요하다는 것이고, 아무런 보상이 없을 경우는 헌법에 위반된다는 것이다.

또한 일부 견해는 통제구역 내의 출입제한, 건축물의 신축 및 증축의 제한은 그 제한이 너무 커서 수용을 하여야 함에도 그러하지 아니한 것으로 보상 규정이 없다면 입법형식 선택의 과오 및 보상규정의 미비에 따라 위헌이라고 보고 있다.[42] 그런데 현행 「군사기지 및 군사시설 보호법」에서는 보호구역 등의 지정에 따라 발생한 손실은 보상하고, 토지매수를 청구할 수 있는 권리에 대하여 규정하고 있어 위헌의 문제는 없다고 할 수 있다.

생각건대 군사기지 및 군사시설 보호구역 등의 지정에 따른 손실보상 문제에 있어서 분리이론에 따라 판단할 때, 행위제한을 일률적으로 재산권의 내용규정으로 보는 것보다 각각의 행위제한을 구분하여 검토하는 것이 필요하다고 본다. 구체적으로 살펴보면, 민간인통제선 이북지역 전체를 통제보호구역으로 지정하여 일부 재산권 행사를 제한할 수 있도록 한 것은 재산권의 내용과 한계를 규정한 것으로 볼 수 있다. 그 외 개별 보호구역 등의 지정은 법률에 의하여 내용이 정해진 개인의 토지재산권에 군사적 필요에 따라 개별적 · 구체적으로 재산권의

41 헌법재판소 1998. 12. 24. 선고 89헌마214 전원재판부 결정.

42 박영만, "군사시설보호법상 군사시설보호구역내의 피침해토지재산권에 대한 보상", 토지보상법연구 제4집, 한국토지보상법연구회, 2004, 151면.

이용을 제한한다고 볼 수 있으므로 공용침해라고 보는 것이 타당하다고 생각한다.[43]

이에 따라 판단하면 민간인통제선 이북지역에 대한 통제보호구역 지정과 그에 따른 재산권의 제한은 헌법 제23조제1항과 제2항에 따른 재산권의 내용규정이고, 그렇다고 한다면 이러한 제한은 (비례의 원칙 등을 위반하지 않는 한) 보상의 의무가 없는 사회적인 제약일 뿐이다. 한편 개별적인 보호구역 지정으로 인한 재산권의 제한은 군사상 필요(공공필요)에 따른 공용제한이므로 법률에 따른 정당한 보상을 해야 할 것이다. 이에 대하여 「군사기지 및 군사시설 보호법」에서 손실보상과 토지매수청구권을 규정하고 있다.

경계이론에 따를 경우 보호구역 등의 지정에 따라 발생한 재산권 행사의 제한은 군사시설을 보호하기 위한 공공필요에 따른 공용제한으로 볼 것이고, 이에 대하여 헌법 제23조제3항에서 정한 공용제한과 손실보상의 문제가 될 것이다. 군사시설 보호구역 등의 지정 후 종래 사용 및 수익하는 바와 같이 토지를 사용 · 수익하는 경우는 재산권의 사회적 제약에 불과할 것이나, 보호구역 등 지정 후 토지를 종래의 목적으로 사용할 수 없게 되는 경우, 다시 말해 특별한 희생에 해당하는 경우는 손실보상을 하여야 할 것이다. 앞서 언급한 바와 같이 「군사기지 및 군사시설 보호법」에서는 보호구역 등의 지정에 따라 발생한 손실은 보상하고, 토지매수를 청구할 수 있는 권리[44]에 대하여 규정하고 있어

43 구 도시계획법 제21조의 그린벨트 규정이 재산권 내용 규정이 아니라 헌법 제23조제3항에 따른 공용수용으로 보아야 한다는 견해(김해룡, "손실보상의 사유로서의 재산권 내용규정에 관한 고찰", 토지공법연구 제72집, 한국토지공법학회, 2015, 51면)와 같은 논리이다.

44 일부 견해는 토지매수청구제도는 보상과는 다른 제도라고 하면서, 토지를 종래의 목적으로 사용할 수 없거나 사실상 종래 용법대로 사용할 수 없게 된 경우 보상규정의 흠결로 본다고 한다.

타당한 입법이라고 볼 수 있다.

(3) 「군사기지 및 군사시설 보호법」상 토지매수청구와 손실보상

과거에는 「군사기지 및 군사시설 보호법」에서 토지매수청구나 손실보상의 규정이 없었다. 손실보상 규정 등이 없었던 경우에도, 대법원에서는 "[보호구역 지정에 따른 재산권] 제한으로 인한 토지소유자의 불이익은 공공의 복리를 위하여 감수하지 아니하면 안 될 정도의 것이라고 인정되므로 이에 대하여 손실보상의 규정을 하지 아니하였다 하여 군사시설보호법의 위 각 규정을 헌법 제23조제3항에 위배되는 것이라고 할 수 없는 것이다."라고 하여 보상 규정의 미비에 대하여 위헌이 아니라는 입장을 가지고 있었다.[45] 이후에도 군사시설보호법 위헌확인 사건이 있었지만 청구기간 도과 등으로 각하되어 본안에서 판단되지 못했다.[46]

이 경우 헌법 제23조제3항에 근거하여 직접 보상을 청구할 수 있다고 한다(직접효력설의 입장)고 본다(박균성, 행정법론(상), 제19판, 박영사, 2020, 969면).

45 대법원 1992. 11. 24. 선고 92부14 판결.

46 사실관계는 "(1) 청구인은 파주시 ○○읍 ○○리 산 41의 1 임야 5,621㎡, 같은 리 336의 5 도로 631㎡(이하 '이 사건 토지'라고 한다)를 1983. 1. 7.경부터 2004. 8. 17.경까지 소유하였다. 한편 육군 ○○부대는 1993.경부터 이 사건 토지 중 413㎡에 교통호, 벙커 및 진지 등 군사시설을 설치하여 점유·사용하여 왔고, 1993. 12. 27. 위 산 41의 1 임야 5,621㎡를 군사시설보호구역으로 지정하였다. (2) 청구인은 대한민국을 상대로 무단점유군사시설물철거소송을 제기(서울중앙지방법원 2004가단12057)하여 2005. 7. 21. 임료상당의 부당이득금 469,780원 및 지연이자를 지급하라는 일부 승소판결을 받았고, 이에 불복하여 상소하였으나 기각(서울고등법원 2006. 1. 20. 선고 2005나64738, 대법원 2006. 5. 11. 선고 2006다1280)되어 위 판결이 확정되었다. 청구인은 다시 육군 ○○사령부지구배상심의회에 위 토지의 무단점유로 인한 재산손해가 있다며 배상신청을 하였으나, 2006. 6. 30. 청구인이 이전에 동일한 청구원인으로 국가배상법에 의한 손해배상의 소송을 제기하여 배상금지급 또는 기각의 확정판결을 받은 경우에 해당한다는 이유로 국가배상법 제13조제8항제2호에 따라 각하되었다. (3) 이에 청구인은 군사시설보호구역을 설정할 수 있도록 규정한 군사시설보호법 제4조, 배상신청 각하의 근거규정인 국가배상법 제13조제8항제2호가 청구인의 재산권, 청원권을 침해한다고 주장하면서, 2006. 10. 16. 헌법재판소법 제68조제1항에 의하여 이 사건 헌법소원심판을 청구"한 것이다(헌법재

그런데 2007년 12월 21일 「군사시설보호법」, 「해군기지법」, 「군용항공기지법」이 통합되면서 「군사기지 및 군사시설 보호법」이 제정됨에 따라 토지매수청구권,[47] 손실보상에 대한 규정이 포함되었다.

먼저 손실보상 규정을 살펴보면, 보호구역 등 지정으로 인한 모든 재산권 침해에 대한 보상이 아니라 일부 손실만을 인정하고 있다. 보상이 가능한 손실은 군용통신에 장애가 되는 장애설비 등의 사용을 제한하는데 따른 손실, 비행안전구역의 장애물을 제거함으로써 발생한 손실이다. 이러한 손실에 대하여 토지소유자 등 재산권자가 귀책사유가 없는 경우 국방부장관은 정당한 보상을 하여야 할 것이다(군사기지 및 군사시설 보호법 제20조).

토지매수청구권의 경우에는 군사기지 및 군사시설 보호구역, 민간인통제선, 비행안전구역 및 대공방어협조구역의 지정으로 인하여 그 구역 안의 토지를 종래의 용도로 사용할 수 없어 그 효용이 현저하게 감소한 토지 또는 당해 토지의 사용 · 수익이 사실상 불가능한 토지의 소유자는 국방부장관에게 당해 토지의 매수를 청구할 수 있도록 하고 있다(군사기지 및 군사시설 보호법 제17조). 토지매수청구를 할 수 있는 자는 청구인이 보호구역 등의 지정 당시부터 당해 토지를 계속 소유한 자, 토지의 사용 · 수익이 사실상 불가능하게 되기 전에 당해 토지를 취득하여 계속 소유한 자 또는 앞의 소유자로부터 당해 토지를 상속받아 계속 소유한 자이다(군사기지 및 군사시설 보호법 제17조). 그런데 모든 토지에

판소 2007. 7. 26. 선고 2006헌마1164 결정).

47 「군사기지 및 군사시설 보호법」 제17조에 따르면 "보호구역등의 지정으로 인하여 그 구역 안의 토지를 종래의 용도로 사용할 수 없어 그 효용이 현저하게 감소한 토지 또는 당해 토지의 사용 · 수익이 사실상 불가능한 토지의 소유자는 국방부장관에게 당해 토지의 매수를 청구할 수 있다."라고 한다.

대한 토지매수청구를 인정하는 것이 아니라, 대상 토지가 민간인통제선 이북지역의 통제보호구역, 폭발물 관련 시설 주변의 보호구역, 항공작전기지 비행안전구역의 제1구역 및 제2구역에 해당하는 토지이어야 한다(군사기지 및 군사시설 보호법 시행령 제19조).

국방부장관은 보호구역 등의 지정목적을 달성하는데 필요한 경우 토지소유자와 협의하여 그 구역 안의 토지 및 그 토지의 정착물을 매수할 수 있고, 협의 매수의 가격의 산정시기 · 방법 및 기준은 「공익사업을 위한 토지 등의 취득 및 보상에 관한 법률」을 준용하도록 하고 있다(군사기지 및 군사시설 보호법 제19조).

생각건대 손실보상 및 토지매수청구권의 규정이 도입되었지만, 보호구역 등 재산권 제한에 대한 모든 손실을 보상하는 것은 아니고, 일부 요건에 따라 보상 및 토지매수를 실시하고 있는 점은 장기적인 관점에서 개선이 필요하다. 예산상의 제약 등으로 모든 제한에 대하여 보상을 하지 못한다는 것은 이해되지만 분쟁 및 갈등에 따르는 비용을 고려하였을 때, 보상 대상을 확대하여야 하고, 보상 대상의 확대가 어렵다면, 사유지에 보호구역 등의 지정을 최소화하여야 할 것이다.

Ⅲ. 군사시설의 형사법적 보호와 경비 법제

1. 「군형법」과 「군사기밀보호법」

「군형법」에서는 군대 요새 · 진영 또는 군용에 공하는 함선이나 항공기 또는 그 밖의 장소, 설비 또는 건조물을 적에게 제공하거나, 군대 요새 · 진영 등의 군용시설 또는 물건을 파괴하거나 사용할 수 없게 한 사람은 사형에 처하도록 하여 군사시설을 보호하는 규정을 두고 있다(군형법 제11조 및 제12조). 그런데 「군형법」의 경우 기본적으로 군인이나 군무원 등을 대상으로 하여 적용하는 법률이므로(법 제1조), 위의 군용시설·물품의 제공행위와 파괴행위에 관한 죄는 군인이나 군무원 등에게 적용되고, 일반인에게는 적용되지 않는다.

다만, 내·외국인 등 군인 등이 아닌 일반인도 다음의 행위를 했을 경우 처벌받도록 하고 있다. 적을 위하여 부대·기지·군항지역 또는 그 밖에 군사시설 보호를 위한 법령에 따라 고시되거나 공고된 지역이나, 부대이동지역·부대훈련지역·대간첩작전지역 또는 그 밖에 군이 특수작전을 수행하는 지역에서 간첩행위나 군사상 기밀을 적에게 누설한 사람을 사형에 처하도록 하고 있고(군형법 제13조), 군용시설 등에 방화, 폭발, 손괴 등에 대하여 처벌하도록 하고 있다(군형법 제66조, 제68조, 제69조).

군사기밀은 "일반인에게 알려지지 아니한 것으로서 그 내용이 누설되면 국가안전보장에 명백한 위험을 초래할 우려가 있는 군 관련 문서, 도화, 전자기록 등 특수매체기록 또는 물건으로서 군사기밀이라는 뜻이 표시 또는 고지되거나 보호에 필요한 조치가 이루어진 것과 그 내용"을 의미한다(군사기밀보호법 제1조 및 제2조). 「군사기밀보호법」은 군사기밀을 적법한 절차에 의하지 아니하고 탐지하거나 수집한 사람과 그리고 이를 타인에게 누설한 경우 등을 처벌하도록 하고 있다(군사기밀보호법 제11조 및 제12조).

「군사기밀보호법」에서의 군사기밀은 국가안전보장을 위하여 보호될 가치가 있는 물건을 의미하며, 군사시설 등 자체에 대한 보호는 여기에 직접 포함되지 않는다. 다만, 군사시설의 위치, 군사시설 설치 계

획 등의 정보는 이 법에서 보호되는 대상이라고 할 것이다.[48]

「군사기밀보호법」에서는 기밀합동(자료)보관소, 암호취급소, 비밀상황실, 정보공작실, 군사기밀장비의 보관 및 정비실 등의 장소에 대하여 군사기밀을 관리하거나 취급하는 부대(또는 기관)의 장에게 군사보호구역을 설정하여 군사기밀을 보호할 수 있도록 하고 있다(군사기밀보호법 제5조제2항 및 같은 법 시행령 별표 3). 이러한 군사보호구역은 비인가자의 출입제한 및 안내가 요구되는 군사제한구역과 비인가자의 출입이 금지되는 군사통제구역으로 구분한다.

「군사기지 및 군사시설 보호법」의 보호구역 등은 토지 등의 공간에 설정하는 것이라고 한다면, 「군사기밀보호법」의 보호구역은 군사시설 내 일정공간(기밀합동보관소 또는 기밀자료보관소, 암호취급소, 비밀상황실, 정보공작실, 군사기밀장비의 보관 및 정비실[49])에 설정하는 것으로 「군사기지 및 군사시설 보호법」의 보호구역 등과 「군사기밀보호법」의 보호구역은 차이가 있다.

「군형법」과 「군사기밀보호법」 이외에 「국가보안법」에서도 반국가단체의 구성원 또는 그 지령을 받은 자가 교통 · 통신, 국가 또는 공공단체가 사용하는 건조물 기타 중요시설을 파괴하거나 함선 · 항공기 · 자동차 · 무기 기타 물건을 이동 · 취거한 때에는 사형 · 무기 또는 5년 이상의 징역에 처한다고 하여 군사시설이나 군용항공기, 선박 등에 대한 위해를 방지하고 있다(국가보안법 제4조제1항).

---

48 김재호 · 김권일, "군사기지 · 시설 보호와 관련된 법제의 개선방안-군사기지 · 보호 법제의 체계정당성을 중심으로-", 공법연구 제40집 제1호, 2015, 533면.

49 「군사기밀보호법 시행령」 별표 3.

2. 시설 경비 및 무기사용

우리나라에는 「경찰관 직무집행법」과 같이, 군의 활동(작전 및 훈련)과 무기의 사용에 대하여 규정한 법률은 없다. 다만, 초병의 무기사용 등에 관하여 대통령령인 「군인복무규율」과 「위수령」에서 규정하고 있었다.[50] 그런데 2015년 12월 29일 제정된 「군인의 지위 및 복무에 관한 기본법」에서 초병의 무기사용에 대한 규정이 법률에 반영되었다.

「군인의 지위 및 복무에 관한 기본법」에서는 ① 책임구역 내 인원의 생명 · 신체 또는 재산을 보호함에 있어서 그 상황이 급박하여 무기를 사용하지 아니하면 보호할 방법이 없을 때, ② 국방부장관이 정하는 방법에 따라 수하(誰何)하여도 이에 불응하여 대답이 없거나, 도주하거나 또는 초병에게 접근할 때, ③ 초병이 폭행을 당하거나 또는 당할 우려가 있는 경우 그 상황이 급박하여 자위상 부득이할 때에 한정하여 최소한의 범위에서 휴대하고 있는 무기(초병이 임무 수행을 위해 휴대한 소총, 도검 등 모든 장비를 말한다.)를 사용할 수 있다고 규정하고 있다(군인의 지위 및 복무에 관한 기본법 제48조).

「군인의 지위 및 복무에 관한 기본법」에서는 초병의 무기사용에 대한 규정을 담고 있을 뿐, 군사시설의 보호에 관한 직접적인 언급은 없다. 그러나 재산을 보호하기 위한 무기사용이므로, 국가의 재산인 군사시설을 보호하는 것은 관련이 있다고 할 것이다.

시설 보호에 대하여 「위수령」에서 직접적인 규정을 하고 있다. 「위수령」은 육군 군대가 영구히 1지구에 주둔하여 당해 지구의 경비, 육군의 질서 및 군기의 감시와 육군에 속하는 건축물 기타 시설물의 보

---

50 「군인복무규율」은 2016. 6. 28. 폐지되었다.

호를 목적으로 하고 있다(위수령 제1조). 위수사령관은 미리 재해 또는 비상사태에 있어서의 육군에 속하는 제반건축물 기타 시설의 보호 및 경비에 관한 조치를 준비하여 두어야 한다고 하고, 경비 및 순찰 등의 위수근무를 하고 필요에 따라 병기를 사용하도록 하고 있다(위수령 제11조에서 제14조).

그러나 위수령은 육군 군대만을 대상으로 하고 있어 해군 및 공군의 시설물은 제외된다. 향후 군사시설 경비 및 경호 등 보호에 관한 규정을 법률로 마련하는 것이 필요하다고 본다.

Ⅳ. 문제점 및 개선방안

1. 문제점

군사시설의 보호는 「군사기지 및 군사시설 보호법」에 의하여 군사시설 주변에 보호구역 등을 지정하여 보호구역 등 안에서 군 작전 활동에 방해되거나 군사시설에 위험을 끼치는 행위를 제한하는 방법으로 이루어지고 있다. 또한 군사시설에 대한 손괴 등을 「군형법」에서 금지하여 군사시설을 보호하고 있고, 「군사기밀보호법」에 따라 군사시설을 포함하여 군사 관련 기밀을 보호하고 있다.

「군사기지 및 군사시설 보호법」의 전신인 「군사시설보호법」이 처음 제정되었을 당시인 1970년대에는 우리나라의 안보적 특수성으로 인하여 무장공비 등이 침입하여 군사시설을 직접 공격할 수 있는 위험성이 높았고, 과학기술 · 무기기술이 현재보다 발전되지 아니하여 군사시설을 관측하거나 공격하는 것이 가까운 거리에서만 가능하였다. 그러나 현재는 과학기술의 발달로 인공위성을 통하여 군사시설의 위치를 파악할 수 있고, 심지어 일반인도 인터넷 지도정보 서비스를 통하여 군사시설이 촬영된 위성사진을 볼 수 있게 되었으며, 또한 고해상도 망원 카메라나 무인기(드론 등)는 일반인도 손쉽게 구입하고 사용하고 있고, 소형원거리 무기를 활용하여 보호구역 밖에서 군사시설을 관측하거나 직접 공격을 할 수 있다.[51] 이러한 상황에서 현재 군사시설 보호구역 제도는 원점에서 다시 검토할 필요가 있다고 할 것이다.

2015년 6월 발효된 새로운 한미연합작전계획에 따르면, 과거 적의 침략을 방어하는 것에 중점을 두었다면, 앞으로는 적의 침략 이전에 상대방을 무력화할 예정이라고 한다.[52] 그렇다고 한다면 적의 침략을 대비하기 위하여 접경지역의 경우, '25Km'로 규정된 현재 보호구역의 지정 범위가 더 줄어 들 수도 있는 것이다.[53] 왜냐하면 이러한 보호구역은 적의 침략에 대비하고, 그 해당 범위까지 적의 침략을 예측하여 설정하였기 때문이다.[54] 기본적으로 보호구역의 설정 범위는 작전계획에 영향을 받을 수밖에 없다.[55] 작전계획에 따라 보호구역의 설정 범위가

---

51 대표적으로 구글어스가 있다. 2012년 국정감사에서 이에 대한 내용이 지적되었다. 국민일보, "[2012년 국정감사] 구글 위성지도 서비스 군사시설 무방비 노출", 2012. 10. 5.자; 김재호 · 김권일, "군사기지 · 시설 보호와 관련된 법제의 개선방안-군사기지 · 보호 법제의 체계정당성을 중심으로-", 공법연구 제40집 제1호, 2015, 536면.

52 연합뉴스, "한미, 지난 6월 '작계5015' 서명… '북한 WMD' 공격적 제거 비중", 2015. 8. 27.자 보도; 김재호 · 김권일, "군사기지 · 시설 보호와 관련된 법제의 개선방안-군사기지 · 보호 법제의 체계정당성을 중심으로-", 공법연구 제40집 제1호, 2015, 537면.

53 김재호 · 김권일, "군사기지 · 시설 보호와 관련된 법제의 개선방안-군사기지 · 보호 법제의 체계정당성을 중심으로-", 공법연구 제40집 제1호, 2015, 537면.

54 김재호 · 김권일, "군사기지 · 시설 보호와 관련된 법제의 개선방안-군사기지 · 보호 법제의 체계정당성을 중심으로-", 공법연구 제40집 제1호, 2015, 537면.

55 김재호 · 김권일, "군사기지 · 시설 보호와 관련된 법제의 개선방안-군사기지 · 보호 법제의 체계정당성을 중심으로-", 공법연구 제40집 제1호, 2015, 537면.

줄어들 수도 있고, 국민의 재산권 보장을 위하여 보호구역의 설정 범위를 과감하게 줄이고[56] 작전계획을 변경하는 것도 가능할 것이다.[57]

56 「군사시설 보호법」의 제정부터 「군사기지 및 군사시설 보호법」의 제정에 이르기까지의 군사시설보호구역의 변화를 살펴보면 다음 표와 같다.

구 분	군사분계선 인접지역		기타지역	
	통제보호구역	제한보호구역	통제보호구역	제한보호구역
제정 1972. 12.	적과의 대치선으로부터 27km		군사시설 최외곽 경계선으로부터 1km이내	
1차개정 1981. 12.	민간인통제선 (군사분계선 5-20km 이내) 북방지역, 기타 구역	적과의 대치선으로부터 27km이내 통제보호구역 외곽	군사시설 최외곽 경계선으로부터 1km이내	
3차개정 1993. 12.	민간인통제선 (군사분계선 남방 20km 이내) 이북지역	군사분계선의 남방 10-25km 이내 민간인통제선 이남지역 민간인통제선 이북지역 중 취락지역 · 안보관광 시설지역 등	최외곽 경계선으로부터 500m 이내	최외곽 경계선으로부터 1km 이내
4차개정 1997. 1.	민간인통제선 (군사분계선 남방 15km 이내) 이북지역 민통선 이남지역의 중요군사시설 최외곽 경계선으로부터 500m 이내	군사분계선의 남방 25km 이내의 민간인통제선 이남지역 민간인통제선 이북지역 중 통일정책추진지역, 취락지역, 안보관광시설지역 등	최외곽 경계선으로부터 500m 이내	최외곽 경계선으로부터 1km 이내
군사기지 및 군사시설보호법 2007. 12.	민간인통제선 (군사분계선의 남방 10km 이내) 이북지역	군사분계선의 남방 25km 이내의 민간인통제선 이남지역 민간인통제선 이북지역 중 통일정책추진지역, 취락지역, 안보관광시설지역 등	중요군사시설 최외곽 경계선으로부터 300m 이내, 방공기지는 500m 이내 〈제한보호구역〉 군사기지등 의 최외곽 경계선으로부터 500m 지역(단, 취락지역에 위치 시설의 경우 300m)	폭발물 관련 시설, 방공기지, 사격장 · 훈련장 1km 전술항공작전기지 5km, 지원항공작전기지 및 헬기전용작전기지 2km, 군용전기통신기지는 군용전기통신설비 설치장소의 중심으로부터 반지름 2km 범위 이내

57 국회 국방위원회 홍철호 의원은 "환경도 많이 바뀌었고. 지금 쟁점이 되는 동네들은 전부 도시화가 된 동네들이에요. 그런데 그것이 과거에 그냥 농촌지역으로 있던 시절의 FEBA 찰리

2. 개선방안

(1) 군사기지 및 군사시설 보호구역 등의 개선

우리나라와 유사하게 군사시설 보호구역 제도를 두고 있는 독일의 경우, 「군사시설 보호구역법(Schutzbereichgesetz)」[58]이 기본법으로서 군사적 필요성(군사시설 보호 및 군사시설 활용성 보장)에 따라 군사시설 보호구역을 설정하고 군사시설 주변의 토지이용을 제한하는 사항을 규정하고 있다. 군사시설 보호구역은 민법상 계약 등이 불가능하거나 적정한 수단으로 획득할 수 없는 경우에만 필수불가결한 최소한의 규모, 최소한의 규제 및 제한이라는 원칙 아래 설정하고, 특히 탄약고, 사격장, 통신시설(레이더 등), 기지 등의 시설소재지에 지정하며 그 범위는 군사시

뭐 이런 것 가지고 지금 똑같이 얘기하고 있거든요. 그래서 이것을 전향적으로 우선 생각하는 그 자세가 더 필요하지 이것 아무 실효성도 없는 겁니다."라고 발언하였다(제19대 국회 제334회 제1차, "국방위원회회의록(법률안심사소위원회)", 2015. 6. 17. 49면). 김재호 · 김권일, "군사기지 · 시설 보호와 관련된 법제의 개선방안-군사기지 · 보호 법제의 체계정당성을 중심으로-", 공법연구 제40집 제1호, 2015, 528면에서 재인용. 국회 국방위원회 황진하 의원도 "국민들은 재산권을 보장해 달라고 자꾸 야단이거든요. 그런데 정부는, 또 국방부는 '이것은 안보상 불가피하다' 하는 것을 대개 고수하고 있단 말이에요. 그런데 '안보상 필요하기 때문에 재산권 보장해 달라는 것에 대해서 좀 참아 주십시오' 이것을 하려면 두 가지가 있어야 됩니다. 첫째가 뭐냐, 정부가 재산권 보호를 하는 쪽에 대해서 그게 민원사항이고 아주 강력한 요구사항이기 때문에 적극적으로 검토한다 말이야, 이게 별로 없는 거예요. 국방부 혼자서 깔짝깔짝깔짝 하면서 '15km를 10km로 해 준다'든지 '이것은 안보상 안 된다' 이 정도로 가서는 안 된다 이것이지요. 그것은 범정부적으로 대처하라 이런 겁니다. (중략) 대안 마련을 위해서 적극적으로 노력해야 됩니다. 그다음에 두 번째는 군의 신뢰, 이것이 굉장히 중요하다는 것을 국방부가 절감해야 됩니다. (중략) 작전 환경이 무엇 때문에 바뀌었다라고 하면 그것을 적극적으로 검토해서 거기의, 그 지역에서의 작전 개념을 바꾸고 작전 계획도 바꿔야 할 것입니다. 작전 계획을 안 바꾼다라는 쪽으로 생각하면서 계속 그것을 지키면서 가면 주민들로부터 협조를 못 받고 동의를 못 받는다, 그래서 이것은 적극적으로 검토를 해야 된다 하는 것입니다."라고 하였다(제17대 국회 제267회 제4차, "국방위원회회의록", 2007. 4. 26., 7-8면). 김재호 · 김권일, "군사기지 · 시설 보호와 관련된 법제의 개선방안-군사기지 · 보호 법제의 체계정당성을 중심으로-", 공법연구 제40집 제1호, 2015, 528면에서 재인용.

58 정식 제명은 「Gesetz über die Beschränkung von Grundeigentum für die militärische Verteidigung」으로 직역하면 「군사적 방어를 위한 토지소유제한법」이라고 부를 수 있다.

설로 인한 영향 범위를 산정하여 외곽 경계선을 확보하고 해당 부지는 국가가 수용하는 것을 원칙으로 하고 있다.[59] 보호구역에 대한 관할청은 기본적으로 국방부장관이다.[60] 보호구역으로 지정할 때, 도시계획이나 자연보호, 농업 등의 경제적인 측면에서 해당지역의 의견을 수렴하도록 하고 있다. 의견을 수용하지 않을 경우에도 국방부장관이 결정을 내리기 전에 주정부에게 알리도록 하고 있다.[61] 보호구역으로 지정된 후 최소 5년에 한번 해당 구역의 실효성을 조사하도록 한다.[62] 연방정부는 보호구역 결정으로 인한 토지소유주나 토지에 대한 권리를 보유한 자의 재산상 불이익에 대하여 금전으로 보상한다.[63] 물론 이 법에 의한 조치로 인하여 재산상의 손실이 아닌 재산상의 이익이 생겼을 경우에는 보상에서 제외된다.[64] 보상의 확정 전에 확정관청은 평화적으로 합의를 시도하고, 합의가 되지 아니하면 행정청은 해당 당사자들에게 의견 제출 기회를 주고 보상액을 결정한다.[65] 보상에 불복하는 경우, 출소의 기회를 보장하는 규정들을 마련하고 있다.[66][67]

---

59 김영봉 · 이문원, 외국의 군사시설 관련 제도, 해외리포트, 국토 2001년 9월호 (통권239호), 2001. 9., 101면.

60 9 SchBerG.

61 1 Abs. 3 SchBerG.

62 2 Abs. 4 SchBerG.

63 12 SchBerG.

64 13 SchBerG.

65 19 SchBerG.

66 25 SchBerG.

67 하위 법령인 「군사시설 보호구역법 시행령」은 보호구역내 건축행위 허가와 농업용도 외의 토지이용 및 용도변경 등 각종 규제사항을 규정하고 있으며, 공동이용의 제한 또는 배제(산림 또는 임야 폐쇄 등), 유예의무(사유지내 건축행위 또는 시설물 가설행위, 토지 소유자의 시설물 철거행위 등의 제한 또는 금지), 산림이나 임야의 조림 또는 제거의무 등 각종 제한조치를 규정하고 있다. 규제로 인한 토지소유자의 재산권 피해보상 원칙은 규제 및 제한 정도에 따라 일체의 건축행위가 금지되는 구역 또는 건축물의 고도를 제한하는 구역, 토지위치에 따라 도시 또

우리나라의 경우, 「군사기지 및 군사시설 보호법」에서 군사시설 보호구역 등을 지정하는 지역이 국유지일 경우에는 아무런 문제가 없다. 다만 사유지에 보호구역 등을 지정하는 것이 문제된다. 먼저 보호구역 내 사유지 전체를 수용하고 완전하게 보상하는 방안을 도입하는 것이 이상적이지만 예산의 제약상 단기간에 해결하기 어려울 것이다. 따라서 제도적으로 법률에서 규정한 보호구역 등의 범위를 축소하는 것을 고려해볼 수 있을 것이다. 법률에서 규정한 범위는 최대범위이므로, 시행령 등 하위법령에 세부사항을 위임하여 엄격한 기준으로 보호 등이 필요한 접경지역 · 군사시설 · 군사기지만을 대상으로 지정할 수 있도록 하여 무분별한 보호구역의 지정을 막는 것이 필요하다. 이미 「군사기지 및 군사시설 보호법」 제3조에서 필요한 최소한의 범위 안에서 지정되어야 한다고 규정한 이상, 그 범위가 작다고 하여 법률의 위반이 되지는 아니할 것이다.

정책적인 측면에서 군의 자구적인 노력으로 현재 군용지의 범위(군사시설 및 군사기지의 최외곽 경계선) 안에서 보호가 필요한 건물을 부지 안쪽으로 재배치하고, 시설 외곽에는 주거시설이나 체육시설 등 군사적 필요성이 낮은 시설을 배치하는 방안을 검토할 필요가 있다. 이는 앞서 언급한 군사시설 도시(군사시설 타운) 계획과 같이 현재 군사시설 부지 내에서의 재배치를 통하여 보호구역 등을 지정한 것과 같은 효과를 거둘 수 있다고 할 것이다.

는 지방, 소속 행정 구역에 따라 지가가 높은 주거지역 또는 공업지역, 토지형질에 따라 택지 또는 농업용지 등으로 세분하여 직접 보상하고 있다(김영봉 · 이문원, 외국의 군사시설 관련 제도, 해외리포트, 국토 2001년 9월호 (통권239호), 2001. 9., 101-102면).

(2) 군사시설 경비 제도 개선

군사시설 경비(경호)의 경우「군인의 지위 및 복무에 관한 기본법」은 초병의 무기사용 규정만 있을 뿐 시설의 보호 및 경호에 대한 명확한 규정은 없고,「위수령」의 경우에는 육군의 시설만을 대상으로 하기 때문에, 해군 및 공군기지 및 시설을 포함한 규정이 필요하다고 할 것이다.

군사시설 경비에 대한 미국과 일본의 입법례를 통하여 개선방안을 도출하고자 한다. 미국의 경우, 건물 · 부지 · 재산과 인원의 보호에 대하여 미합중국연방법전 10편 제2672조가 적용된다.[68] 이 규정에 따라 국방부장관은 국방부의 관할권, 관리 또는 통제하에 있는 건물, 부지 및 재산과 그 소유물에 있는 사람들을 보호해야 하고, 이를 위하여 국방부장관은 국방부의 군인이나 민간인을 위의 보호 기능을 수행하는 자로 지정할 수 있도록 하고 있다. 또한 보호 임무를 수행하는 자에 대한 무기사용 및 체포권한 등의 규정을 두고 있다.

일본의 경우, 방위시설의 보호와 관련하여 과거에는 항만 시설과 비행장 활주로 같은 자위대의 시설을 탈취하는 것은 불가능하고, 그 파괴가 어렵고 파괴하기까지는 오랜 시간이 필요하다고 생각하여 일반 경찰력을 통하여 충분히 보호할 수 있다고 여겨졌기 때문에 시설 등을 보호하기 위하여 무기를 사용하는 것은 인정되지 않고, 일반적인 시설 관리권에 근거한 무기사용 권한이 없는 경호(경비)가 이루어지고 있었다.[69] 그러나 2001년 미국의 9.11테러의 발생으로 파괴가 쉽지 않다고

68 10 U.S.C.　2672. Protection of buildings, grounds, property, and persons.

69 田村 重信 · 高橋 憲一 · 島田 和久, 日本の防衛法制(第2版), 內外出版, 2012, 199頁. 다만,「自衛隊法」(平成29年(2017年)法律第42号) 第95條에 근거한 무기 등을 보호하기 위한 무기사용

여겨졌던 자위대 시설에 대한 대규모 파괴 행위가 일어날 수 있다고 생각하게 되면서 자위대의 '시설'에 대해서도 '무기 등'과 마찬가지로 경호 대상이라는 인식과 함께 평소 일정한 무기사용 권한을 동반한 형태에 의한 시설경호의 필요성이 강하게 인식 되었다.[70] 이 때문에 2001년 11월 「자위대법」 개정에서 시설 보호에 대한 조항을 신설하여 자위대의 시설 설비에 대하여 무기사용 권한을 동반한 형태의 경호가 가능하게 되었다.[71] 또한, 시설경호 규정과 동시에 마련된 경호출동에 관한 규정[72]을 통하여 일정 요건 아래 특별히 인정될 경우 시설 등의 경호를 위한 자위대의 출동 근거를 마련하였다.

미국과 일본의 입법례와 같이 군사시설 보호를 위한 경비 등에 관한 규정이 마련되어야 할 것이다. 그런데 이러한 규정이 「군인의 지위 및 복무에 관한 기본법」에 규정될 수 있지만, 이 법은 군인의 지위 등에 관련된 법률이므로 여기에서 군사시설의 경비 등의 내용을 담는 것은 법의 목적상 어울리지 않는다고 할 것이다. 향후 군의 작전 등 활동에 대한 개념(경계, 훈련, 작전, 행정응원 등), 활동 범위(무기사용, 사유지의 출입, 국민재산의 사용 등), 보상절차 및 방법(활동으로 인한 손실 보전) 등이 규정된 「(가칭) 군 작전 등 활동에 관한 법률」을 제정하여 군의 활동이나 군사시설 경비에 관한 법제의 체계를 개선할 필요가 있다.[73]

「군사기지 및 군사시설 보호법」의 목적은 군사시설을 보호하는 역

권한이 있었다.

70 田村 重信 · 高橋 憲一 · 島田 和久, 前掲書, 199頁.

71 自衛隊法(平成29年法律第42号) 第95條の3.

72 自衛隊法(平成29年法律第42号) 第81條の2.

73 김재호 · 김권일, "군사기지 · 시설 보호와 관련된 법제의 개선방안-군사기지 · 보호 법제의 체계정당성을 중심으로-", 공법연구 제40집 제1호, 2015, 539-540면.

할뿐만 아니라 해당 구역 내에서 군 작전의 원활한 수행을 보장하는 기능도 갖고 있는데, 여기에서 원활한 군 작전을 예로 들면 평시에 군이 훈련하는 경우를 생각할 수 있다. 현재 군의 훈련은 국민의 행위가 통제된 보호구역 내에서 실시하는데, 연중 계속하여 훈련을 실시하지 않음에도 불구하고 항시 보호구역으로 설정해 놓는 것보다 군의 필요시에 제한적으로 사용할 수 있도록 하는 것이 보다 효율적이며, 국민의 재산권 보장에도 부합할 것이고, 이에 따라 군 작전 등 활동의 필요한 지역을 보호구역으로 설정하기 보다는 군 작전 등 활동이 필요한 때에 일시적으로 사용하도록 하는 규정이 필요하다고 할 것이다.[74] 그러나 현재 군 작전 등 활동에 대하여는 법률상의 규정이 존재하지 않고 있기 때문에 훈련 등의 군 작전 등 활동에 대한 법적 규정을 새롭게 제정하여야 할 것이고, 그 내용으로 훈련지역이 사유지일 경우 훈련시에 제한적인 사용의무를 부여하면서 그 사용에 대한 일정한 사용료 등의 지급 규정도 마련하여야 할 것이다.[75]

74 김재호 · 김권일, "군사기지 · 시설 보호와 관련된 법제의 개선방안-군사기지 · 보호 법제의 체계정당성을 중심으로-", 공법연구 제40집 제1호, 2015, 540면.

75 김재호 · 김권일, "군사기지 · 시설 보호와 관련된 법제의 개선방안-군사기지 · 보호 법제의 체계정당성을 중심으로-", 공법연구 제40집 제1호, 2015, 540면.

제3절 군사시설로 인한 환경 피해와 주변지역 지원

Ⅰ. 군사시설의 운영에 의한 소음 등 피해

1. 항공기 및 공항 소음

(1) 「소음 · 진동 관리법」에서의 항공기 소음 대책

소음이란 "기계 · 기구 · 시설, 그 밖의 물체의 사용 또는 공동주택이나 사업장 등에서 사람의 활동으로 인하여 발생하는 강한 소리"를 의미한다(소음 · 진동관리법 제2조제1호). 「소음 · 진동 관리법」에서는 항공기 소음에 대한 대책을 마련하고 있다. 공항 인근지역에서 소음영향도(WECPNL)가 90을 초과하거나, 공항 인근 지역 외의 그 밖의 지역에서 소음영향도(WECPNL)가 75를 초과하는 경우에는 환경부장관이 관계 기관의 장에게 방음시설의 설치나 그 밖에 항공기 소음의 방지를 위하여 필요한 조치를 요청할 수 있도록 하는 것이다(소음 · 진동관리법 제39조 및 같은 법 시행령 제9조).[76]

---

76 소음영향도의 기준을 「소음 · 진동관리법 시행령」에서 규정하고 있는데, 2017년 9월 19일 시행령의 개정으로 소음한도 기준이 공항 인근 지역은 가중등가소음도[LdendB(A)] 75로, 그 밖의 지역은 가중등가소음도[LdendB(A)] 61로 변경되어 2023년 1월 1일부터 적용된다(소음 · 진동관리법 시행령 제9조제1항).

구 분	최고소음도 방식	등가소음도 방식
평가 원리	· 최고소음도를 측정하여 노출지표를 계산하고, 소음원 수준 평가	· 발생된 총에너지를 기준으로 사람에게 미치는 소음도 평가
특징	· 소음지속시간이 반영되지 않아 전체 소음물리량과 차이 발생 · 사용국가 적음(한국, 중국)	· 널리 알려지고 많이 사용 · 소음지도 작성, 토지이용계획 반영 · 미국, 유럽 등 대부분 국가에서 사용

그러나 「소음 · 진동관리법」의 항공기 소음에 관한 규정은 항공기 소음의 배출자 및 배출시설에 대하여 구체적인 의무를 부여하는 것이 아니라 환경부장관이 관계 기관의 장에게 방음시설 설치나 기타 항공기 소음 방지에 필요한 조치를 요청하는 정도로 규율하고 있어, 항공기 소음 방지를 위한 직접적인 대책이라고 보기는 어렵다.[77]

(2) 「공항소음 방지 및 소음대책지역 지원에 관한 법률」에서의 소음 대책

공항소음[78]의 경우 별도의 법률인 「공항소음 방지 및 소음대책지역 지원에 관한 법률」에 따라 공항소음에 대한 대책을 마련하고 있다.

공항소음은 소음영향도(WECPNL; Weight Equivalent Continuous Perceived Noise Level)[79]를 기준으로 하고 있는데, 이러한 소음영향도에 따라 소음대책지역을 구분하여 소음피해 확산을 방지하는 조치를 취하고 있다. 소음대책지역은 소음영향도(WECPNL) 95이상의 제1종 구역, 소음영향도(WECPNL) 90이상 95미만의 제2종 구역, 소음영향도(WECPNL) 75이상 90

산출 방법	〈 웨클 WECPNL 〉 · 최고소음도의 평균값에 시간대별 가중치를 더해 산출하는 것으로, 등가소음도 값보다 약 13dB 높게 측정됨	〈 엘 디이엔 LdendB(A) 〉 · 하루 매시간 등가소음도를 측정하여 항공기 소음 외 배경소음은 제거한 뒤 시간대별 보정치(저녁:+5dB,심야:+10dB)를 더해 산출

출처 : 환경부 보도자료, "항공기 소음단위 현실에 맞게 바꾼다", 2017. 5. 26.자.

77 채영근, "항공기소음 피해의 예방을 위한 공법적 방안 연구", 공법연구 제35집제1호, 한국공법학회, 2006, 669면; 김홍균, 환경법, 제4판, 홍문사, 2017, 540면.

78 공항소음은 "공항에 이륙 · 착륙하는 항공기로부터 발생하는 소음"이라고 정의하고 있다(공항소음 방지 및 소음대책지역 지원에 관한 법률 제2조제1호).

79 소음영향도란 "항공기로부터 발생되는 소음도에 운항횟수, 운항시간대 등을 고려하여 특정한 산정방법에 따라 산정한 값"을 의미한다(공항소음 방지 및 소음대책지역 지원에 관한 법률 제2조제9호).

미만의 제3종 구역으로 구분하고, 공항소음피해 확산을 방지하기 위하여 해당 구역 내의 시설물의 설치나 용도를 제한하고 있다(공항소음 방지 및 소음대책지역 지원에 관한 법률 제5조 및 같은 법 시행령 제2조 등). 소음대책지역에서 시설물을 철거하거나 구역 밖으로 이전하는 경우 손실보상 및 토지매수청구가 가능하도록 하고 있다(공항소음 방지 및 소음대책지역 지원에 관한 법률 제11조 및 제12조). 그리고 주민복지사업이나 소득증대사업 등의 주민지원사업을 실시하여 소음대책지역을 지원하고 있다(공항소음 방지 및 소음대책지역 지원에 관한 법률 제19조). 그런데 이 법률의 적용대상에는 군사기지인 항공작전기지(부산광역시 강서구에 소재하는 것은 제외)를 겸하는 공항은 제외된다고 하여,[80] 주로 민간 공항에만 적용되고 군 공항(항공작전기지)은 적용되지 아니한 문제가 있다.

2. 군 공항 관련 소음 피해

「국가배상법」 제5조에서는 "도로 · 하천, 그 밖의 공공의 영조물(營造物)의 설치나 관리에 하자(瑕疵)가 있기 때문에 타인에게 손해를 발생하게 하였을 때에는 국가나 지방자치단체는 그 손해를 배상하여야 한

80 다만, 여기에서 부산광역시 강서구에 있는 공항은 제외한다고 하는데(공항소음 방지 및 소음대책지역 지원에 관한 법률 제2조제4호), 「군사기지 및 군사시설 보호법 시행령」 별표 2에서 규정한 K-1 전술항공작전기지를 의미하는 것으로 보인다. 연혁적으로 살펴보면, 「공항소음 방지 및 소음대책지역 지원에 관한 법률」이 제정되기 전, 구 「항공법」 및 시행령에서 소음대책 수립 범위를 규정하였는데, 구 「항공법 시행령」에서는 당초 민간항공기가 전용으로 운항하는 국제공항에 대하여 소음대책을 수립하도록 하였으나, 1994년 7월 11일 개정으로 국제공항(정기국제항공노선이 개설된 공항)을 대상으로 하였고, 여기에 K-1 전술항공작전기지인 김해공항이 포함되어 있었다. 2001년 3월 27일 개정에서는 위와 같이 '군용항공기지법시행령 별표 가목 및 나목에 해당되는 공항(부산광역시 강서구에 소재하는 것을 제외한다)을 제외한 공항'으로 개정되었고, 이 용어를 「공항소음 방지 및 소음대책지역 지원에 관한 법률」 제정당시에 포함시켰다.

다."라고 규정하고 있다. 영조물은 "국가 또는 지방자치단체에 의하여 특정 공공의 목적에 공여된 유체물 내지 물적 설비"를 의미하는 바,[81] 군 공항 등의 군사시설도 이에 포함된다.

대법원은 영조물 설치나 관리의 하자라고 함은 "공공의 목적에 공여된 영조물이 그 용도에 따라 갖추어야 할 안전성을 갖추지 못한 상태에 있음을 말하고, 여기서 안전성을 갖추지 못한 상태, 즉 타인에게 위해를 끼칠 위험성이 있는 상태란 그 영조물을 구성하는 물적 시설 자체에 있는 물리적 · 외형적 흠결이나 불비로 인하여 그 이용자에게 위해를 끼칠 위험성이 있는 경우뿐만 아니라 그 영조물이 공공의 목적에 이용됨에 있어 그 이용 상태 및 정도가 일정한 한도를 초과하여 제3자에게 사회통념상 수인할 것이 기대되는 한도를 넘는 피해를 입히는 경우까지 포함한다"고 하고, 수인한도의 기준에 대하여 "일반적으로 침해되는 권리나 이익의 성질과 침해의 정도뿐만 아니라 침해행위가 갖는 공공성의 내용과 정도, 그 지역 환경의 특수성, 공법적인 규제에 의하여 확보하려는 환경기준, 침해를 방지 또는 경감시키거나 손해를 회피할 방안의 유무 및 그 난이 정도 등 여러 사정을 종합적으로 고려하여 구체적 사건에 따라 개별적으로 결정"하여야 한다고 보고 있다.[82]

81 대법원 1995. 1. 24. 선고 94다45302 판결.

82 대법원 2005. 1. 27. 선고 2003다49566 판결; 대법원 2010. 11. 25. 선고 2007다74560 판결 등.

<표-8> 공항 소음 피해소송

사 건	대상공항	지 역	수인한도 기준
서울지방법원 2002. 5. 14. 선고 2000가합6945 판결	김포공항	도시	WECPNL 85 이상
서울지방법원 2004. 1. 27. 선고 2002가합33132 판결	군산기지	농촌	WECPNL 80 이상
서울중앙지방법원 2008. 1. 22. 선고 2004가합106508 판결	청주기지	농촌	WECPNL 80 이상
대법원 2010. 11. 11 선고 2006다84157 판결	서산기지	농촌	WECPNL 80 이상
대법원 2010. 11. 25. 선고 2007다74560 판결	대구기지	도시	WECPNL 85 이상
대법원 2010. 12. 23 선고 2009다10928,10935,10942,10959 판결	평택기지	농촌	WECPNL 80 이상

군 공항 소음 피해에 관한 수인한도 기준에 대하여 법원은 군 공항이 위치한 지역이 농촌지역인 경우와 도시지역인 경우를 구분하여 판단하고 있다. 대법원은 청주[83], 군산[84], 평택[85], 서산[86]의 경우에는 농촌지역에 위치하고 있어 항공기 소음피해가 소음영향도(WECPNL) 80 이상인 경우 사회생활상 통상의 수인한도를 초과한다고 하여 위법하다고 보고, 대구[87]나 민간 공항인 김포공항[88]의 경우에는 소음영향도(WECPNL) 85 이상인 경우 사회생활상 통상의 수인한도를 넘어 위법하다고 보았다.[89] 이에 대한 이유로는 "비행장 주변지역이 당초 비행장이 개설되었

83 서울중앙지방법원 2008. 1. 22. 선고 2004가합106508 판결.
84 서울지방법원 2004. 1. 27. 선고 2002가합33132 판결.
85 대법원 2010. 12. 23. 선고 2009다10928,10935,10942,10959 판결.
86 대법원 2010. 11. 11 선고 2006다84157 판결.
87 대법원 2010. 11. 25. 선고 2007다74560 판결.
88 서울지방법원 2002. 5. 14. 선고 2000가합6945 판결.
89 대법원 2015. 10. 15. 선고 2013다23914 판결.

을 때와는 달리 그 후 점차 도시화되어 인구가 밀집되는 등 도시지역으로서의 지역적, 환경적 특성이 있는 경우에는 농촌지역과 비교하여 통상 배경소음이 높다고 할 것이고, 배경소음이 낮은 농촌지역의 경우 도시지역과 비교하여 동일한 소음에 대하여 더 큰 불쾌감을 느낀다고 알려져 있으며 농촌지역 주민들의 옥외 활동의 비중이 높다는 사정 등을 고려한 것"이라고 밝혔다.[90]

그런데 수인한도론은 판단기준이 불명확하고, 공공성(사회적 유용성)을 과대평가하며, 유지청구에 지나치게 소극적이라는 문제가 있는데, 이러한 문제점을 가진 수인한도론에 입각하여 대법원이 군 공항 소음 피해를 인정하는 것에 비판적인 견해가 있다.[91] 또한 군 공항 소음 피해를 인정받기 위해서는 소송을 제기하여야 하는 등 소송의 계속으로 인한 피해자의 고통이나 국가행정력의 낭비 등의 문제점을 지적하는 견해도 있다.[92]

생각건대 군 공항 소음피해에 대한 문제는 손해배상의 관점에서 손실보상 법률의 제정을 통한 손실보상의 관점으로 전환하여야 한다고 본다. 이러한 보상 법률 제정의 필요성에 대하여 여러 근거를 들 수 있지만,[93] 기본적으로 국민의 실질적 권익을 보장하고, 안정적인 군 활동

---

90 대법원 2015. 10. 15. 선고 2013다23914 판결.

91 이준현, "군항공기 · 군용비행장 관련 소음소송의 법리에 대한 검토", 홍익법학 제14권제4호, 홍익대학교 법학연구소, 2013, 260면.

92 윤수진, "군용 비행장 소음소송과 관련한 2010 대법원 판결에 대한 소고", 환경법연구 제33권 제1호, 한국환경법학회, 2011, 156-158면.

93 군 공항 소음 피해 보상법률 제정의 필요성에 대하여, 적법한 공항 운영에 따른 피해가 위법한 침해로 변환되어 모순적 법집행을 낳고 있는 입법적 결여 문제, 관련 소송의 증가 문제, 관계 국민의 실질적 권익 보장의 필요성, 국가행정업무의 신뢰성 및 효율성 제고, 국가배상소송 수요 감소, 실체적 판단의 용이성 확보 등을 들고 있다(강문수 · 이순태 · 김남철 · 최철호 · 이병찬, 군 소음피해에 대한 보상법의 타당성 연구, 미래사회 협동연구총서 14-16-01, 경제인문사회

을 보장하는 것이 무엇보다 중요하다.

3. 군용비행장·군사격장 소음 방지 및 피해 보상

(1) 군 소음 방지 및 피해보상에 대한 법률 제정

군 공항을 비롯하여 사격장 및 훈련장에서 소음 등의 문제가 발생하고 있는데 이에 대한 손해배상 판결이 계속되고 있는 상황에도 불구하고 보상제도가 마련되어 있지 아니한 점은 문제가 있었는데, 최근 이러한 문제를 해결하기 위하여 관련 법률이 마련되었다. 군용비행장 및 군 사격장의 운용으로 발생하는 소음으로 인하여 그 주변지역 주민들이 정신적, 신체적, 재산적 피해를 입고 있음에도 불구하고 해당 지역 주민의 피해를 완화하거나 지원하기 위한 법적 근거가 미비한 상황에서 군용비행장 및 군사격장의 운용으로 발생하는 소음을 방지하고, 그 피해에 대한 보상 등을 효율적으로 추진함으로써 주민의 쾌적한 생활환경을 보장하고, 군사 활동의 안정된 기반을 조성하는 데 기여함을 목적으로 2019년 11월 26일 「군용비행장 · 군사격장 소음 방지 및 피해 보상에 관한 법률」(이하 '군소음보상법'이라 한다)이 제정된 것이다.

(2) 적용대상

「군소음보상법」은 군용비행장과 군사격장에 적용된다. 먼저 "군용비행장"이란 「군사기지 및 군사시설 보호법」상 전술항공작전기지, 지

연구회, 2014, 71-71면).

원항공작전기지 및 헬기전용작전기지를 의미한다(군소음보상법 제2조제2호).[94] 다만, 군용비행장 중에서 부산광역시 강서구에 위치한 K-1 전술항공작전기지는 제외된다. 왜냐하면 이 군용비행장의 경우에는 「공항소음 방지 및 소음대책지역 지원에 관한 법률」의 적용대상이기 때문이다.[95]

군사격장이란 "군이 활용할 목적으로 사격을 할 수 있도록 시설을

---

94 「군사기지 및 군사시설 보호법 시행령 별표 2 참조. 단, K-1 기지는 「군용비행장 · 군사격장 소음 방지 및 피해 보상에 관한 법률」의 군용비행장에서 제외된다.

1. 전술항공작전기지 가. K - 1 부산광역시 강서구 나. K - 2 대구광역시 동구 다. K - 3 경상북도 포항시 라. K - 4 경상남도 사천시 마. K - 6 경기도 평택시 바. K - 8 전라북도 군산시 사. K - 13 경기도 수원시 아. K - 16 경기도 성남시 자. K - 18 강원도 강릉시 차. K - 46 강원도 원주시 카. K - 55 경기도 평택시 타. K - 57 광주광역시 광산구 파. K - 58 경상북도 예천군 하. K - 59 충청북도 청원군 거. K - 75 충청북도 충주시 너. K - 76 충청남도 서산시
2. 지원항공작전기지 가. K - 10 경상남도 진해시 나. K - 53 인천광역시 옹진군 다. K - 60 충청북도 청원군 라. G - 113 경기도 고양시 마. G - 217 경기도 포천시 바. G - 222 경기도 양주시 사. G - 404 강원도 양구군 아. G - 407 강원도 양양군 자. G - 505 충청남도 연기군 차. G - 510 경기도 이천시 카. G - 536 충청남도 논산시 타. 삭제 〈2014.6.17.〉
3. 헬기전용작전기지 가. K-15 전라남도 목포시 나. 삭제 〈2009.11.17.〉 다. G-103 인천광역시 부평구 라. G-110 경기도 파주시 마. G-213 경기도 가평군 바. G-231 경기도 포천시 사. G-237 강원도 철원군 아. G-280 경기도 하남시 자. G-218 경기도 양주시 차. G-290 경기도 남양주시 카. G-301 경기도 양평군 타. G-307 강원도 춘천시 파. G-312 강원도 화천군 하. G-313 강원도 화천군 거. G-419 강원도 홍천군 너. G-420 강원도 인제군 더. G-501 경기도 용인시 러. G-532 충청남도 연기군 머. G-610 충청북도 음성군 버. G-801 경상북도 영천시 서. G-107 경기도 김포시 어. G-703 전라북도 전주시 저. N-234 경기도 평택시
4. 예비항공작전기지 가. 비상활주로: 수원, 나주, 영주, 죽변, 남지, 목포 나. 민간 비행장: 김포공항, 여수공항, 울산공항, 제주공항, 양양공항, 인천공항, 무안공항

95 "공항"이란 「공항시설법」 제2조제3호에 따른 공항과 공항개발사업시행자가 새로이 건설하는 공항을 말한다. 다만, 「군사기지 및 군사시설 보호법」 제2조제4호가목부터 다목까지의 규정에 따른 항공작전기지를 겸하는 공항은 제외하되, 부산광역시 강서구에 있는 공항은 포함한다.

갖춘 특정 장소"를 의미한다(군소음보상법 제2조제3호).

(3) 소음대책지역의 지정

소음대책지역은 군용비행장 및 군사격장의 운용으로 발생한 소음피해가 있는 지역으로서 국방부장관이 중앙소음대책심의위원회의 심의를 거쳐 제1종 구역, 제2종 구역 및 제3종 구역으로 지정 및 고시한다(군소음보상법 제5조제1항).

소음대책지역의 구역별 소음영향도 기준은 다음과 같다(군소음보상법 시행령 별표).

<표-9> 소음대책지역의 구역별 소음영향도 기준[96]

<table>
<tr><th>구 분</th><th>군용비행장</th><th>소형화기
군사격장</th><th>대형화기
군사격장</th></tr>
<tr><td>1종 구역</td><td>WECPNL
95 이상</td><td>dB(A)
82 이상</td><td>dB(C)
94 이상</td></tr>
<tr><td>2종 구역</td><td>WECPNL
90 이상 95 미만</td><td>dB(A)
77 이상 82 미만</td><td>dB(C)
90 이상 94 미만</td></tr>
<tr><td rowspan="6">3종 구역</td><td>아래 참조</td><td>dB(A)
69 이상 77 미만</td><td>dB(C)
84 이상 90 미만</td></tr>
<tr><td colspan="2">①
대구, 광주, 수원 군용비행장</td><td>WECPNL
85 이상 90 미만</td></tr>
<tr><td colspan="2">②
세종, 강릉, 군산, 서산, 오산, 원주, 청주, 충주, 평택, 예천 군용비행장</td><td>WECPNL
80 이상 90 미만</td></tr>
<tr><td colspan="2">③
①과 ②외의 군용비행장 중 ①의 비행장 각각의 평균 배경소음도의 최솟값보다 평균 배경소음도가 큰 군용비행장</td><td>WECPN
85 이상 90 미만</td></tr>
<tr><td colspan="2">④
①과 ②외의 군용비행장 중 ②의 비행장 각각의 평균 배경소음도의 최솟값보다 평균 배경소음도가 큰 군용비행장</td><td>WECPNL
80 이상 90 미만</td></tr>
<tr><td colspan="2">③과 ④ 모두에 해당하는 군용비행장과 ③과 ④ 모두에 해당하지 않는 군용비행장</td><td>WECPNL
80 이상 90 미만</td></tr>
</table>

민간공항의 경우에는 「공항소음 방지 및 소음대책지역 지원에 관한 법률 시행령」에 따라 제1종 구역은 소음영향도(WECPNL) 95 이상, 제2종

96 소음영향도 산정방법은 다음과 같다(군소음보상법 시행규칙 별표 1).
1. 군용비행장
소음영향도 $(WECPNL) = \overline{L}_{\text{max}} + 10\log N - 27$
2. 소형화기 군사격장
소음영향도 $[L_{Rdn}, dB(A)] = 10\log\left(\sum_{i=1}^{n} 10^{\frac{L_{RAE,di}}{10}} + \sum_{j=1}^{m} 10^{\frac{L_{RAE,nj}+10}{10}}\right) - 10\log T$
3. 대형화기 군사격장
소음영향도 $[L_{Rdn}, dB(C)] = 10\log\left(\sum_{i=1}^{n} 10^{\frac{L_{RCE,di}}{10}} + \sum_{j=1}^{m} 10^{\frac{L_{RCE,nj}+10}{10}}\right) - 10\log T$

구역은 소음영향도(WECPNL) 90 이상 95 미만, 제3종 구역은 소음영향도(WECPNL) 75 이상 90 미만으로 규정하고 있다. 이에 따라 민간공항은 최저기준이 WECPNL 75 이상, 군용비행장은 최저기준이 WECPNL 80 이상으로 차이가 있다.

군용비행장의 소음영향도 최저기준은 그동안의 소음 배상 판결에서 법원에서 설시한 기준[97]을 따른 것으로 보인다. 생각건대 군용비행장의 안보적 공익성 등을 고려하였을 때, 현재와 같이 민간공항과 군용비행장의 소음영향도 기준을 달리 정한다 하더라도 불합리하다고 볼 수 없다고 할 것이다.

(4) 소음대책지역에서의 제한사항

소음피해 확산을 방지하기 위하여 소음대책지역 지정 · 고시 이후 소음대책지역 내의 토지를 취득하게 된 자 등에게 소음대책지역에서의 시설물의 설치 및 용도가 제한된다. 예외적으로 지방자치단체장은 방음시설 설치 등 일정한 조건을 붙여 시설물의 설치를 허용할 수 있는데, 조건을 이행하지 아니한 자에게는 시설물의 용도변경, 소음피해 방지시설의 보완을 명할 수 있다(군소음보상법 제6조).

(5) 소음대책지역 소음 방지 및 소음피해 보상 기본계획 수립

소음대책지역 소음 방지 및 소음피해 보상을 위하여 국방부장관은 미리 소음대책지역의 주민, 전문가 등의 의견을 수렴하여 5년마다 소

97 대법원 2010. 11. 25. 선고, 2007다20112 판결 및 서울고법 2012. 1. 12. 선고, 2011나75982 판결 등.

음 방지 및 소음피해 보상 등에 관한 기본계획을 수립하여야 하고, 기본계획에는 ① 군용비행장 및 군사격장의 운용에 따라 발생하는 소음대책의 기본방향, ② 군용비행장 및 군사격장의 운용에 따라 발생하는 소음 저감 방안, ③ 소음피해 보상 방안, ④ 재원조달 방안 등을 포함하여야 한다(군소음보상법 제7조). 또한 국방부장관은 소음대책지역에 거주하는 주민들에게 소음피해 보상금을 지급할 수 있도록 재원을 마련하여야 한다(군소음보상법 제13조).

(6) 소음측정(자동소음측정망 설치 등)

소음피해 보상금 지급 등을 위하여 우선 소음 실태를 파악하여야 한다. 이를 위해 국방부장관에게 자동소음측정망을 설치하도록 하고 있다(군소음보상법 제8조 제1항). 자동소음측정망을 설치 또는 변경할 때에는 자동소음측정망의 위치 및 범위 등을 구체적으로 밝힌 자동소음측정망 설치계획을 수립하여야 하고, 그 내용을 고시[98]하고 그 도면을 누구든지 열람할 수 있도록 하여야 한다(군소음보상법 제9조제1항 및 2항).

국방부장관이 자동소음측정망을 설치하기 전 미리 환경부장관 및 관계 행정기관의 장과 협의해야 하고(군소음보상법 제8조제2항), 시장 · 군수 · 구청장에게는 국방부장관에게 관할 구역의 소음 실태를 조사하기 위하여 필요한 경우 자동소음측정망을 추가로 설치하거나 설치 위치를 변경할 것을 요청할 수 있도록 하고 있다(군소음보상법 제8조제3항).

---

98 자동소음측정망 설치계획을 수립 · 고시한 경우 다음의 허가를 받은 것으로 본다(제9조 3항). 자동소음측정망 설치계획을 수립 · 변경할 때 다음의 허가사항이 포함되어 있으면 미리 관계 행정기관의 장과 협의하여야 한다(제9조 제4항). 1. 「하천법」 제30조에 따른 하천공사의 시행 허가 및 같은 법 제33조에 따른 하천의 점용허가 2. 「도로법」 제61조에 따른 도로의 점용허가 3. 「공유수면 관리 및 매립에 관한 법률」 제8조에 따른 공유수면의 점용허가 또는 사용허가

자동소음측정망의 설치나 이를 위한 현지조사, 측량 또는 자동소음측정망의 유지 · 보수를 위하여 필요한 경우에는 국방부장관은 ① 타인의 토지에 출입하는 행위, ② 타인의 토지 또는 이에 정착된 건물이나 그 밖의 인공구조물을 사용하는 행위, ③ 타인의 식물이나 그 밖의 장애물을 변경하거나 제거하는 행위를 할 수 있다(군소음보상법 제10조제1항). 다만, 이러한 행위로 인하여 발생한 손실에 대하여는 정당한 보상을 하여야 한다(군소음보상법 제10조제2항). 또한 토지 등의 사용이 끝난 경우에는 토지 등을 원상회복하거나 원상회복에 필요한 비용을 토지 등의 소유자 또는 점유자에게 지급하여야 한다(군소음보상법 제10조제3항).

(7) 소음대책지역 내의 소음 개선

소음대책지역 내의 소음 개선을 위하여 국방부장관은 군사작전 · 훈련 및 안전운항에 지장을 주지 아니하는 범위에서 군용항공기의 이륙 · 착륙 절차의 개선을 위하여 노력하여야 하고, 필요시 야간 비행을 제한할 수 있다(군소음보상법 제11조 및 제12조). 민군공용비행장에서 민간항공기의 경우에는 국방부장관이 국토교통부장관에게 운항횟수나 야간 비행의 제한을 요청할 수 있고, 이 요청은 특별한 사유가 없는 한 국토교통부장관이 따라야 한다(군소음보상법 제12조제1항). 군용비행장뿐만 아니라 군사격장의 경우에도 야간사격 등을 제한할 수 있다(군소음보상법 제12조제2항).

(8) 소음대책지역 내의 소음피해 보상

소음대책지역 내 소음피해에 대하여 보상금을 지급받는 절차는 다음 표와 같다.

<표-10> 소음피해 보상 절차 등

보상금 안내 또는 공지 (제14조)	▪ 국방부장관이 보상금 지급 대상지역 및 기준 등을 관할 시장 · 군수 · 구청장에게 통보 ▪ 관할 시장 · 군수 · 구청장은 보상금을 지급받을 주민들에게 보상금에 관한 사항을 안내 또는 공지
⬇	
보상금 지급 신청 (제14조)	▪ 안내 또는 공지에 따라 보상금을 지급받고자 하는 자는 관련 증빙서류를 첨부하여 서면으로 관할 시장 · 군수 · 구청장에게 보상금 지급을 신청
⬇	
보상금 결정 보상금 결정공고 및 통보 (제14조)	▪ 보상금 지급 신청을 접수한 시장 · 군수 · 구청장은 지역소음대책심의위원회의 심의를 거쳐 보상금 지급대상, 보상금액 등을 결정하고 그 결과를 인터넷 홈페이지에 공고하거나 보상금 지급신청자에게 통보
⬇	
이의신청 (제15조)	▪ 보상금 지급대상에서 제외된 자 또는 보상금액을 다투는 자는 홈페이지에 공고하거나 통보한 날부터 60일 이내에 관할 시장 · 군수 · 구청장에게 이의를 신청 ▪ 입증: 보상금액이 부당하다고 주장하는 자 ▪ 시장 · 군수 · 구청장이 지역심의위원회의 심의를 거쳐 이의신청일부터 30일 이내에 이의신청에 대하여 결정하고, 그 결과를 이의신청인에게 통보 ▪ 이의신청인이 통보받은 이의신청 결과에 따라 보상금을 지급받으려는 경우 지체 없이 그 결정에 대한 동의서를 관할 시장 · 군수 · 구청장에게 서면으로 제출
⬇	

재심의 신청 (제15조)	▪ 위 결정에 이의가 있는 자는 이의신청 결과를 통보받은 날부터 30일 이내에 국방부장관에게 재심의를 신청 ▪ 입증: 보상금액이 부당하다고 주장하는 자 ▪ 국방부장관이 중앙심의위원회의 심의를 거쳐 재심의신청일부터 30일 이내에 신청에 대하여 결정하고, 그 결과를 재심의신청인 및 관할 시장 · 군수 · 구청장에게 통보 ▪ 재심의신청인이 통보받은 재심의 결과에 따라 보상금을 지급받으려는 경우 지체 없이 그 결정에 대한 동의서를 관할 시장 · 군수 · 구청장에게 서면으로 제출하여야 한다.
⬇	
보상금의 지급 (제16조)	▪ 시장 · 군수 · 구청장은 홈페이지에 공고되거나 통보받은 결과에 동의한 보상금 지급대상자와 이의신청인 및 재심의신청인에게 공고되거나 통보받은 보상금액(이의신청인 또는 재심의신청인의 경우 이의신청 또는 재심의신청 결정결과에 따른 금액을 말한다)을 매년 대통령령으로 정하는 기간까지 지급 ※ 소멸시효(제17조): 공고기간이 끝난 날 또는 통보받은 날부터 5년

이 법에 따른 보상금을 받을 자가 같은 원인에 대하여 다른 법률에 따라 손해배상을 받은 경우에는 그 범위에서 보상금을 지급하지 아니하고, 보상금의 지급 결정에 보상금 신청인이 동의한 경우에는 군용비행장 및 군사격장과 관련하여 입은 소음피해에 대하여 「민사소송법」에 따른 재판상 화해가 성립된 것으로 본다(군소음보상법 제18조).

보상금을 지급받은 사람이 거짓 또는 그 밖의 부정한 방법으로 보상금의 지급을 받은 경우이거나 잘못 지급된 경우에는 그 보상금의 전부 또는 일부를 환수하여야 하고, 보상금을 반환하여야 할 사람이 기한 이내에 해당 금액을 납부하지 아니한 때에는 국세 체납처분의 예에 따라 이를 징수한다(군소음보상법 제19조).

Ⅱ. 군사시설 주변지역 지원 등

1. 군사시설 주변지역 지원

군사시설 주변지역이라고 하는 것이 법령에서 정의된 지역은 아니다. 앞에서 살펴본 바와 같이 군사시설 주변은 「군사기지 및 군사시설 보호법」에 의하여 보호구역 등으로 지정될 수 있고, 이에 따라 재산권이 제한될 수 있다. 또한 보호구역 등이 지정되지 아니한 지역이나 그 밖에 위치한 지역의 경우에도 군사시설 운영에 따른 부대 훈련 등의 이유로 소음 등의 불편을 겪거나 피해를 입을 수 있다. 물론 군소음보상법이 제정되어 소음 피해 등에 대한 보상의 법적 근거는 마련되었다. 그러나 직접적인 군사시설 주변지역의 피해 및 불편에 대한 제도적 지원에 대한 법률은 현재까지 마련되고 있지 못하는 실정이다.

여기에서는 직접적으로 모든 군사시설 주변지역을 대상으로 하고 있지 아니하지만 「군 공항 이전 및 지원에 관한 특별법」은 군사시설 중 하나인 군 공항이 이전함에 따라 발생할 수 있는 군 공항 주변지역에 대한 지원을 규정하고 있고, 군사시설이 다수 위치한 접경지역에 대한 지원 규정을 두고 있는 「접경지역 지원 특별법」이 있어 이를 살펴본다.

2. 「군 공항 이전 및 지원에 관한 특별법」상의 지원 제도

군 공항에 대한 국민의 불편 등을 고려하여 군 공항 이전 사업을 추진하면서 이전부지 주변지역(이전주변지역)[99]에 대한 지원 사업을 실시하도록 하고 있다. 지원사업의 추진을 위하여 먼저 국방부장관과 군 공항 종전부지의 지방자치단체의 장은 이전주변지역에 대한 지원계획을 수립하여야 한다(군 공항 이전 및 지원에 관한 특별법 제11조제1항). 지원사업의 규모와 내용 등과 관련하여 지방자치단체 및 주민과의 갈등이 발생할 수 있으며 이를 방지하기 위하여 지원계획 수립 과정에서 이전부지 지방자치단체 및 지역 주민의 의견이 반영될 필요가 있다.[100]

이에 따라 지원계획을 수립할 때에는 지원계획과 관련된 관계 중앙행정기관의 장 및 지방자치단체의 장과 미리 협의하여야 하고, 공청회 개최 등을 통하여 이전주변지역 주민의 의견을 적극적으로 반영하여야 한다. 이렇게 의견수렴을 거친 지원계획은 군 공항 이전사업 지원위원회의 심의를 거쳐 확정한다(군 공항 이전 및 지원에 관한 특별법 제11조제2항 및 제3항).

지원시행계획은 연차별로 수립 및 시행하여야 하며, 군 공항 이전사업 지원위원회에 매년 제출하여야 한다(군 공항 이전 및 지원에 관한 특별법 제12조). 사업시행자가 지원 사업을 시행하려는 경우에는 관계 중앙행정기관의 장에게 사업계획 및 투자계획을 제출하고, 관계 행정기관의 장은 계획의 내용이 기준에 적합한지 여부를 검토하며, 필요에 따라 지방자치단체의 장의 의견을 들어 승인여부를 결정하고, 승인된 경우에는 이를 고시한다(군 공항 이전 및 지원에 관한 특별법 제13조). 지원 사업의 시행

99 이전부지가 소재한 시 · 군 · 구(자치구)와 이와 연접한 시 · 군 · 구(자치구) 중에서 소음영향도(WECPNL) 80 이상인 지역(군 공항 이전 및 지원에 관한 특별법 시행령 제3조).

100 심교언 · 이상경 · 조경훈 등 5인, "군 공항 이전사업 이해와 과제", 도시정보 NO396, 대한국토 · 도시계획학회, 2015. 3., 5면.

승인을 받은 경우에는 각종 인 · 허가가 의제되는데, 지원사업을 시행하는 자는 사업의 시행승인을 받은 경우 농업생산기반시설의 목적 외 사용승인, 하천공사의 시행허가 및 하천점용의 허가, 체육시설 설치 등 사업계획의 승인, 도로공사 시행의 허가, 도로의 점용 허가 및 도로관리청의 협의 또는 승인, 개발행위의 허가, 도시 · 군계획시설사업의 시행자의 지정 및 실시계획의 인가, 분묘의 개장허가, 택지개발사업 실시계획의 승인, 국유재산의 사용허가 등을 받은 것으로 본다. 지원사업의 사업계획에 인 · 허가 등의 사항이 포함된 경우에는 미리 관계 행정기관의 장과 협의하여야 한다(군 공항 이전 및 지원에 관한 특별법 제14조).

사업시행자는 지원사업의 시행을 위하여 필요한 때에는 「공익사업을 위한 토지 등의 취득 및 보상에 관한 법률」 제3조에서 정하는 토지 · 물건 또는 권리를 수용 또는 사용 할 수 있고, 이 법률의 보상 절차 등을 준용한다(군 공항 이전 및 지원에 관한 특별법 제15조).

국가 또는 지방자치단체는 지원사업의 원활한 추진을 위하여 사업시행자에 대한 「개발이익환수에 관한 법률」에 따른 개발부담금, 「농지법」에 따른 농지보전부담금, 「초지법」에 따른 대체초지조성비, 「산지관리법」에 따른 대체산림자원조성비, 「공유수면 관리 및 매립에 관한 법률」에 따른 공유수면 점용료 · 사용료 및 「개발제한구역의 지정 및 관리에 관한 특별조치법」에 따른 개발제한구역 보전부담금을 해당 법률에서 정하는 바에 따라 감경할 수 있다(군 공항 이전 및 지원에 관한 특별법 제16조).

이전주변지역의 개발을 위한 사업의 경우, 「보조금 관리에 관한 법률」에 따른 차등보조율 규정에도 불구하고 국고보조금을 인상하여 지원할 수 있다(군 공항 이전 및 지원에 관한 특별법 제17조). 또한 지원사업 중 공사금액이 50억 원 미만인 경우에는 이전주변지역에 영업소가 있는 자와 공동으로 입찰에 참가하는 자를 우대하도록 하고 있고, 관계 중앙행정기관의 장은 이전주변지역 지원사업 중에서 공사금액이 50억 원 미만인 경우에는 이전주변지역에 주된 영업소가 있는 자와 공동으로 입찰에 참가하는 자를 우대할 수 있다(군 공항 이전 및 지원에 관한 특별법 제18조).

이전주변지역의 발전을 위하여 지원되는 국고보조금을 재원으로 하는 사업 및 지원사업을 시행할 때 사업시행자는 이전사업에 따른 이주자 및 이전주변지역의 주민을 우선하여 고용하거나 참여시킬 수 있도록 하고 있다(군 공항 이전 및 지원에 관한 특별법 제19조). 도지사 등은 이전주변지역 및 종전부지에 외국인투자금액이 미화 1천만 달러 이상인 투자를 유치하기 위하여 필요한 경우 투자자가 희망하는 지역을 「외국인투자 촉진법」에 따른 외국인투자위원회의 심의를 거쳐 외국인투자지역으로 지정할 수 있다(군 공항 이전 및 지원에 관한 특별법 제21조 및 같은 법 시행령 제18조).

생각건대 군 공항 이전주변지역에 대한 지원사업과 각종 지원을 규정한 것은 타당하다고 본다. 다만, 재정적인 검토가 필요하겠지만 군 공항 이외의 군사시설(특히 사격장) 등도 형평의 원칙에 따라 이러한 지원이 수반되어야 함은 당연할 것이다.

3. 「접경지역 지원 특별법」상의 지원 제도

남북분단으로 인한 지역적 특수성으로 낙후된 접경지역의 경제발전 및 주민복지향상을 지원하고, 접경지역의 자연환경을 체계적으로 보전 · 관리하며, 평화통일기반조성을 위하여 필요한 사항을 규정하기 위한 목적으로 2000년 1월 21일 「접경지역지원법」이 제정되었고,

2011년 5월 19일 「접경지역 지원 특별법」으로 전부 개정되었다.

이 법률에서 '접경지역'이란 "1953년 7월 27일 체결된 「군사정전에 관한 협정」에 따라 설치된 비무장지대 또는 해상의 북방한계선과 잇닿아 있는 시 · 군[101]과 「군사기지 및 군사시설 보호법」 제2조제7호에 따른 민간인통제선 이남(以南)의 지역 중 민간인통제선과의 거리 및 지리적 여건 등을 기준으로 정하는 시 · 군[102], 비무장지대 내 집단취락지역[103]"을 의미한다(접경지역 지원 특별법 제2조제1호). 이를 살펴보면 다수 군사시설이 위치한, 군사기지 및 군사시설 보호구역 등이 위치한 지역의 시 · 군을 의미한다고 할 것이다.

접경지역의 발전을 위하여 행정안전부장관은 발전종합계획을 수립하도록 하고 있고, 국무총리 소속으로 접경지역정책심의위원회를 두어 발전종합계획의 확정 및 변경, 접경지역의 발전 및 주민지원을 위한 제도개선에 관한 사항 등을 심의하도록 하고 있다(접경지역 지원 특별법 제9조).

또한 지방자치단체의 장과 민간전문가로 구성된 접경지역 발전협의회를 두어 접경지역 발전에 관한 주요 정책의 개발, 접경지역을 관할하는 지방자치단체 간의 공동개발사업 발굴 및 협의를 하도록 하고 있다(접경지역 지원 특별법 제10조). 그리고 접경지역 발전업무를 효율적으로 수행하고 위원회의 사무를 지원하도록 행정안전부장관 소속으로 접경

101 여기에 속하는 시 · 군으로 "인천광역시 강화군 · 옹진군, 경기도 김포시 · 파주시 · 연천군, 강원도 철원군 · 화천군 · 양구군 · 인제군 · 고성군"이 있다(접경지역 지원 특별법 시행령 제2조제1항).

102 여기에 속하는 시 · 군으로 "경기도 고양시 · 양주시 · 동두천시 · 포천시, 강원도 춘천시"가 있다(접경지역 지원 특별법 시행령 제2조제2항).

103 경기도 파주시 군내면에 위치한 집단취락지역을 말한다(접경지역 지원 특별법 시행령 제2조제3항).

지역 발전기획단을 두도록 하고 있다(접경지역 지원 특별법 제11조).

접경지역 지원에 대하여 우선 접경특화발전지구를 지정하여 운영할 수 있도록 하고 있고, 접경지역 발전을 위하여 국가 및 지방자치단체는 사업시행자에게 사업비를 지원하며, 부담금을 감면할 수 있도록 하고 있다(접경지역 지원 특별법 제17조에서 제19조). 그리고 접경지역에 회사를 설립하거나 공장을 신축, 이전하는 자에게 세제상의 지원을 할 수 있도록 하고 있고, 기타 사회간접자본 지원, 민자유치사업의 지원, 사회복지 및 통일교육 지원, 교육 · 문화 · 관광시설의 지원 등을 실시할 수 있다(접경지역 지원 특별법 제20조 이하).

접경지역은 안보적 중요성 및 위험성 등으로 그동안 개발이 제한되었다. 이에 대한 불이익을 보전하는 측면에서 위와 같은 지원사업 등을 시행하고 있는 것이다. 그런데 다수 군사시설이 위치한 접경지역이기 때문에 해당 사업 등을 실시할 경우 군 작전이나 군사시설 운영에 대하여 영향을 끼칠 수밖에 없다. 현재 사업계획 수립시 사전협의 절차를 거치도록 하고 있으나, 군사시설 계획과의 충돌이나 이에 따른 갈등 및 분쟁의 우려가 있으므로, 이에 대한 명확한 법률의 규정이 요청된다고 할 것이다. 또한 접경지역에 관한 지원의 경우에도 군사기지 및 군사시설 보호구역 등과 연계가 필요하다고 본다. 군사기지 및 군사시설 보호구역의 상당 면적을 차지하는 접경지역에 대한 지원 법률은 군사시설 운영과 밀접한 관련이 있다고 할 수 있기 때문이다.

제4장
군사시설법의 미래

군사시설법軍事施設法

제4장
군사시설법의 미래

Ⅰ. 군사시설의 개념

1. 문제제기

법적인 분쟁은 사실관계에 대한 다툼도 있지만, 법령의 해석에 대한 차이에서 기인하는 경우도 적지 않다. 특히 군사시설에 대한 주요한 법률인 「군사기지 및 군사시설 보호법」과 「국방·군사시설 사업에 관한 법률」 간의 개념의 차이에 따라 다른 관계법령의 해석에도 영향을 줄 수 있다.

특히 「군사기지 및 군사시설 보호법」, 「국방·군사시설 사업에 관한 법률」에서 열거하고 있는 시설들이 다수 중첩됨에도 불구하고 '군사시설'과 '국방·군사시설'이라는 용어로 달리 정의하고 있는바, '군사시설', '국방·군사시설'의 개념에 대한 체계성의 확보 내지 정비는 우선적으로 필요할 것이다.

'군사시설', '국방 · 군사시설'이라는 두 개념의 공통적인 부분과 그렇지 아니한 부분을 구분하여 개념을 체계화 할 필요가 있다. 새로운 개념 수립에 있어서 관련 법률 간에 체계적으로 해석될 수 있도록 정비하는 것이 중요하다.

군사시설의 개념에 대한 개선방안을 논함에 앞서, 우선 현재「국방 · 군사시설 사업에 관한 법률」과「군사기지 및 군사시설 보호법」에서 사용하는 용어를 분류하면 다음과 같다.

<표-11> 현행 법률상 군사시설 개념 정리

국방 · 군사시설		「건축법」상 군사시설	
군사시설(군사목적에 직접 공용하는 시설)	군부대에 부속된 시설로서 군인의 주거 · 복지 · 체육 또는 휴양 등을 위하여 필요한 시설	군사시설(군사목적에 직접 공용하는 시설)	군사상 긴요한 시설

<표-12> 현행 법률상 군사시설 개념 비교

<table>
<tr><th colspan="2">군사기지 및 군사시설 보호법</th><th rowspan="2">국방 · 군사시설 사업에 관한 법률</th></tr>
<tr><th>군사시설</th><th>군사기지</th></tr>
<tr><td>사격장, 훈련장,
군용전기통신설비,
기타 군사목적에 직접 공용(供用)되는 시설</td><td rowspan="6">군사시설이 위치한
군부대의 주둔지
해군기지
항공작전기지
방공(防空)기지
군용전기통신기지
기타 군사작전을 수행하기 위한 근거지</td><td>군사작전, 전투준비, 교육 · 훈련, 병영생활 등에 필요한 시설</td></tr>
<tr><td>시행령 "물자의 연구"
※ 해석상 인정[1]</td><td>국방 · 군사에 관한 연구 및 시험 시설</td></tr>
<tr><td>폭발물 관련 시설</td><td>군용 유류(油類) 및 폭발물의 저장 · 처리 시설</td></tr>
<tr><td>전투진지</td><td>진지(陣地) 구축시설</td></tr>
<tr><td>군사목적을 위한 장애물</td><td>군사 목적을 위한 장애물
또는 폭발물에 관한 시설</td></tr>
<tr><td>폭발물 관련 시설</td><td>대한민국에 주둔하는 외국군대의 부대시설(部隊施設)</td></tr>
<tr><td colspan="2">대한민국에 주류(駐留)하는 외국군의 군사기지 및 군사시설</td><td>대한민국에 주둔하는 외국군대의 그 구성원 · 군무원 · 가족의 거주를 위한 주택시설 등 군사 목적을 위하여 필요한 시설</td></tr>
<tr><td>-</td><td>-</td><td>그 밖에 군부대에 부속된 시설로서 군인의 주거 · 복지 · 체육 또는 휴양 등을 위하여 필요한 시설</td></tr>
<tr><td>-</td><td>-</td><td>그 밖에 군부대에 부속된 시설로서 군인의 주거 · 복지 · 체육 또는 휴양 등을 위하여 필요한 시설</td></tr>
</table>

2. 군사시설 개념의 체계성 확보

군사시설 등 개념의 체계성 확보를 위한 개선방안의 도출을 위하여 외국의 입법례를 검토하여 시사점을 찾아보고자 한다.

1 법제처 법령해석, 앞의 안건번호 05-1037, 2005. 12. 30.구체적인 법률의 근거를 마련하기 위하여 "군사목적을 위한 연구시설"을 추가하자는 입법안이 있다(김성원의원 등 10인, 군사기지 및 군사시설 보호법 일부개정법률안, 2017. 7. 27.자 제안).

미국의 경우, 미합중국연방법전에서 국방건설에 관하여 관련 개념의 정의, 군사건설사업, 건설, 건축 · 건설 권한 및 설비 계약, 설비 등 평가에 대한 내용으로 규정하고 있는데,[2] 이에 따르면 시설(facility)은 건물(building), 구조물(structure) 또는 기타 부동산에 대한 개선시설(improvement to real property)[3]을 의미한다고 하고, 군사시설(military installation)은 기지(base), 캠프(camp), 주둔지(post, station), 집적지(yard), 센터(center), 기타 국방부장관 관할 내의 지역 등이 포함된다고 한다.[4]

일본의 경우, 방위시설에 대한 개념 정의를 법률에서는 찾기 어려우나, 「자위부대 시설의 취득 등에 관한 훈령(防衛省における自衛隊の施設の取得等に關する訓令)」에서는 '시설'에 대하여 "자위대용으로 제공하는 토지, 건물, 입목, 기타 토지에 정착된 물건 및 토지수용법 제5조에 따른 권리"라고 정의하고 있다.[5]

프랑스의 경우, 군사시설의 개념은 확인하기 어려웠고, 군사기지에 대해서는 다음과 같이 구분하고 있다. 기본적으로 군사기지는 부동산이라고 하고, ① 대규모 군사부지와 연병장, ② 자연지역에 위치하고 건축물을 포함하지 않은 군사부지, ③ 자연지역에 위치하나 건축물이 포함된 또는 건축이 예정되어 있는 군사부지, ④ 도시지역과 도시주변

---

2 10 U.S.C. (Subtitle A, Part IV) Chapter 169-Military Construction and Military Family Housing, Subchapter I -Military Construction; 미국하원의회 미국연방법전 홈페이지, (http://uscode.house.gov/browse/prelim@title10/subtitleA/part4/chapter169&edition=prelim, 최종방문일 : 2017. 11. 30.).

3 강현철 · 최환용 · 정명운 · 최봉석 · 최승필, 국방 · 군사시설 건설사업 관리에 관한 법률 제정 방안 연구, 국방부 용역연구보고서, 한국법제연구원, 2008, 157면에서는 "물적재산에 대한 기타 개량시설"이라고 번역한다.

4 10 U.S.C.. § 2801. Scope of chapter; definitions.

5 防衛省における自衛隊の施設の取得等に關する訓令(平成２９年(2017年)６月２３日省訓第３９号) 第４條1号.

지역에 위치한 군사부지, ⑤ 군사비행장, ⑥ 연안에 위치한 해군시설물로 보고 있다.[6]

외국 입법례를 참고하면 공통적으로 토지와 건축물을 포함하고 있고, 국가에 따라 토지 및 건축물에 더하여 구조물이나, 입목, 기타 토지 정착물을 포함하는 경우도 있다. 그렇다고 한다면 군사시설은 토지와 건축물을 포함하고 필요에 따라 구조물 등이 포함될 수 있다고 정리할 수 있다.

군사시설의 개념을 새롭게 정의할 때, 군사시설을 성질상 군사 목적 또는 국가안전보장을 위한 군사목적에 직접 공용되는 시설과 그렇지 아니한 시설을 구분하여, 군사목적에 직접 공용되는 시설에 대하여는 현재 규정되어 있는 특례 등을 유지하고 그렇지 아니한 시설의 경우는 일반 시설과 비슷한 규제체계 내에 두는 것이 바람직하다. 군사시설의 개념을 기존보다 엄격하게 정의하여 상대적으로 규제를 완화하는 효과도 거둘 수 있다고 본다.

이러한 내용을 바탕으로 군사시설의 개념을 '군사목적에 공용되는 토지, 건축물, 그 밖의 구조물(전기통신설비 또는 정보통신설비와 진지 및 장애물을 포함한다.)'로 새롭게 정의하는 것을 생각해 볼 수 있다. 다만 「건축법」상의 군사시설은 위의 개념에서 토지와 기타 구조물을 제외한 건축물만을 의미하는 것으로 한정하여야 할 것이다. 이러한 개념을 사용하면 「국방·군사시설 사업에 관한 법률」과 「군사기지 및 군사시설 보호법」, 「건축법」에서 정의하는 시설에 대한 개념을 포괄할 수 있다고 할

6 Jean-Mirie Pontier(번역 : 남궁술), L'ORGANISATION DES CAMPS MILITAIRES EN FRANCE (프랑스 군사기지 조성에 관한 법제연구), 한국법제연구원, 2006, 88-91면.

것이다.

그런데 '새로운 군사시설'의 개념은 「국방 · 군사시설 사업에 관한 법률」의 국방 · 군사시설 보다 좁은 의미를 가지고 있기 때문에 국방 · 군사시설에서 군사시설을 제외한 남은 개념인 '그 밖에 군부대에 부속된 시설로서 군인의 주거 · 복지 · 체육 또는 휴양 등을 위하여 필요한 시설' 등에 대한 새로운 정의가 필요하다. 생각건대 '군부대에 부속된 시설로서 군인의 주거 · 복지 · 체육 또는 휴양 등을 위하여 필요한 시설'은 '부속군사시설'로 개념을 정의하여 군사시설 건설에 관한 규정에는 포함하되, 군사시설 보호의 대상에서는 제외하도록 규정하는 것이 필요하다고 본다. 그리고 부속군사시설은 엄격하게 해석하여 군사시설에 부속된 시설만 인정하고 그렇지 아니한 시설(인접한 시설)은 제외하는 것이 타당하다고 본다. 군사시설에 부속되지 아니한 군인 아파트, 군인 복지시설, 군 골프장 등의 '군인의 주거 · 복지 · 체육 또는 휴양 등을 위하여 필요한 시설'의 경우, 일반적인 시설과 다를 바 없고, 군사시설의 특수성이 있다고 보기 어렵기 때문이다. 만일 군사상 긴급한 출동 등의 사유로 군인의 주거시설 등이 군사적 특수성을 인정받아야 한다면 군부대에 부속하여 설치하도록 하여야 할 것이다.

군사시설에 직접 부속되어 건설된다면 다음과 같은 이점도 있다. 주거 · 복지 · 체육 또는 휴양 등을 위하여 필요한 시설 등이 군사목적에 직접 공용되는 시설에 부속되어 민간시설과의 완충작용을 할 수 있고, 이로 인하여 군사시설 보호구역 등의 설정 범위가 줄어들어 규제를 완화하는 효과를 가져 올 수 있다는 것이다.

<표-13> 군사시설에 대한 현행 개념과 개선방안

〈현행〉

국방 · 군사시설		「건축법」상 군사시설	
군사시설(군사목적에 직접 공용하는 시설)	군부대에 부속된 시설로서 군인의 주거 · 복지 · 체육 또는 휴양 등을 위하여 필요한 시설	군사시설(군사목적에 직접 공용하는 시설)	군사상 긴요한 시설

⇓

〈개선〉

군사시설(군사목적에 직접 공용하는 시설)	부속군사시설(군부대에 부속된 시설로서 군인의 주거 · 복지 · 체육 또는 휴양 등을 위하여 필요한 시설)	「건축법」상 군사시설, 부속군사시설 좌의 군사시설, 부속군사시설 중 건축물

정리하면 군사시설 사업 및 보호를 위한 목적으로는 '군사시설'의 개념을 사용하고, 보호의 목적을 제외한 개념으로 '부속군사시설'이라는 개념을 사용하는 것을 검토할 필요가 있다. 「건축법」과의 관계에서는 새롭게 정의한 '군사시설' 중에서 건축물만을 그 대상으로 한다고 하면 법률 간의 체계를 유지할 수 있을 것이다.

<표-14> 군사시설 개념 개선방안

<table>
<tr><th>개 념</th><th>내 용</th></tr>
<tr><td rowspan="7">군사시설군사목적에 직접 공용되는 토지, 건축물, 그 밖의 구조물(전기통신설비 또는 정보통신설비와 진지 및 장애물을 포함한다.)

※ 군사기지
군사시설이 위치한
군부대의 주둔지</td><td>군사작전, 전투준비, 교육 · 훈련, 병영생활 등에 필요한 시설</td></tr>
<tr><td>국방 · 군사에 관한 연구 및 시험 시설</td></tr>
<tr><td>군용 유류(油類) 및 폭발물의 저장 · 처리 시설</td></tr>
<tr><td>전투진지(陣地)</td></tr>
<tr><td>군용전기통신설비, 군사 목적을 위한 장애물
또는 폭발물에 관한 시설</td></tr>
<tr><td>대한민국에 주둔하는 외국군대의 군사목적 시설</td></tr>
<tr><td>기타 군사목적에 직접 공용(供用)되는 시설</td></tr>
<tr><td rowspan="2">부속군사시설
군사시설에 부속된 군사 관련 토지, 건축물, 그 밖의 구조물</td><td>군인의 주거 · 복지 · 체육 또는 휴양 등을 위하여 필요한 시설</td></tr>
<tr><td>대한민국에 주둔하는 외국군대의 구성원 · 군무원 · 가족의 주거 · 복지 · 체육 또는 휴양 등을 위하여 필요한 시설</td></tr>
</table>

Ⅱ. 군사시설 계획

1. 문제제기

"계획의 생명은 위계질서(Vorragnsordnung)"라는 말[7]처럼 계획은 상위계획과 하위계획이 조화되어야 함은 물론이거니와, 동위의 계획 간에도 효력순위가 정해져야 할 것이다. 군사시설 계획과 국토계획과의 관

7 강현호, "부동산 개발법제의 현황과 과제 독일 개발법제와 관련하여 -", 일감부동산법학 제12호, 건국대학교 법학연구소, 2016, 21면.

계에서 「국토기본법」 제8조는 국토종합계획이 국토에 관한 우선적 계획이지만, 군사시설 계획에는 우선적인 효력이 없다고 한다. 그런데 군사시설에 대한 계획이 구체적으로 어떠한 것인지 파악하기 어렵다.

또한 법률에 근거 없이 국방부 내부에서 수립되는 군사시설 계획에 대하여, 지방자치단체는 이미 도시계획이 수립된 지역에서의 군사시설 계획을 인정해주고 있지 아니한 문제가 있다.[8] 이는 군사시설 계획과 국토 · 도시계획이 충돌하는 문제로 규범적으로 군사시설 계획이 「국토기본법」 제8조 단서[9]와 같이 국토계획 등에 우선되어야 함에도 불구하고, 군사시설 계획과 국토 · 도시 계획과의 관계가 법률에 구체적으로 규정되지 아니하여 현실적으로 군사시설 계획이 국토 · 도시계획보다 우선되지 않는다는 것이다.[10] 군사시설 계획에 대한 구체적 내

---

8 국방부 연구용역 보고서에 따르면 "지방자치단체는 기존의 국방 · 군사시설이 위치해 있는 곳까지도 도시계획을 일방적으로 수립하여 국방 · 군사시설을 강제적으로 이전하도록 하거나, 군사시설 내부의 시설계획에 대한 허가 및 인가권을 행사하여 관여하는 경우"가 있다고 한다(최주영 · 심교언 · 조경훈, 국방 · 군사시설계획과 국토 · 도시계획의 연계방안, 국방부 연구용역보고서, 대한국토 · 도시계획학회, 2015. 12., 54면). 다만, 2016년 1월 19일 개정된 「국방 · 군사시설 사업에 관한 법률」 제14조에서 "군부대부지를 포함하는 지역에 대하여 관계 중앙행정기관의 장 또는 시 · 도지사가 「국토의 계획 및 이용에 관한 법률」 도시 · 군관리계획의 결정 또는 도시 · 군계획시설의 설치 결정을 하려는 경우에는 미리 국방부장관과 협의하여야 한다"라고 규정하였지만, 현재 부지에 대한 계획만을 의미한다고 보여지고, 군사시설 건설에 대한 계획 문제는 해결되었다고 보기 어렵다.

9 「국토기본법」 제8조에서는 "이 법에 따른 국토종합계획은 다른 법령에 따라 수립되는 국토에 관한 계획에 우선하며 그 기본이 된다. 다만, 군사에 관한 계획에 대하여는 그러하지 아니하다."라고 규정하고 있다.

10 오성훈 · 조상규 · 권영선, 군사시설 이전사업 효율화 방안 법제화 연구, 국방부 연구용역보고서, 건축도시공간연구소, 2010. 8., 106면; 최주영 · 심교언 · 조경훈, 국방 · 군사시설계획과 국토 · 도시계획의 연계방안, 국방부 연구용역보고서, 대한국토 · 도시계획학회, 2015. 12., 154-155면. 위 보고서에서는 다음과 같이 구체적인 사례를 문제점으로 지적하고 있다. 먼저 군용지 사전환경성 검토 및 규제문제로 인한 사업기간의 증대 문제이다. 농림지역에 위치한 군용지의 사전환경성 검토에 따른 사업지연, 건축협의 과정에서의 토지이용 비효율 등의 문제가 발생한다고 하고 이러한 문제점이 00기지 내 MLRS 탄약고 3동 신축공사 등의 사례에서 발생했다고 한다. 그리고 해군 00함대 사령부 사례 등과 같이 지방자치단체와의 건축협의시 대지조건을 충족시키려다보면 군용지 내의 토지이용 효율이 크게 저하되는 문제가 발생할 수 있다고 한

용을 법률에 규정하지 아니하여 결국 「국토기본법」 제8조가 형해화된 것이다.

정리하면, 군사에 대한 계획이 법률에서 정해져 있어 「국토기본법」 상의 국토종합계획의 특별계획으로 수립 되어야 함에도 현행법에서 군사시설 계획을 규정하고 있지 아니하여 입법의 흠결이 있다. 또한 국방부가 「국토기본법」 제8조 단서만을 근거로 국토계획과 연계 없이 국방부 내부 훈령이나 지침으로 군사시설 계획을 수립하는 것에 대하여 입법적 개선이 필요하다고 본다.[11]

2. 군사시설 계획과 국토·도시계획의 연계

체계적인 군사시설 계획을 위하여 군사시설 계획과 국토 · 도시계획의 연계가 필요하다. 그러나 군사시설 계획과 국토 · 도시계획의 조화 내지 연계에 앞서, 군사시설 계획에 대한 내용이 좀 더 구체적으로 법률에 규정되어야 할 것이다. 그 동안 남북 대치상황 등에 따른 조속한 국방력 강화를 위하여 국방 · 군사분야는 특수성과 우월성이 인정되었다. 이에 군사시설은 별다른 제한 없이 관련 계획을 수립하고, 건설할 수 있었다. 그런데 민주화 이후 국민 권리 의식의 향상과 사회발전에 따라 국방 · 군사분야의 특수성은 도시개발이나 환경, 지방자치 등과

다. 마지막으로 기존 군용지 중 국토 · 도시계획 관련 법령에 따른 허가 및 계획 미반영의 경우에 신규 시설의 설치가 제한되는 문제와 이미 군사목적으로 사용되고 있는 토지에 대해 산지전용 허가가 나지 않았거나, 개발제한구역 관리계획에 미반영된 경우 신규 시설 설치 등이 크게 제한되는 문제가 발생한다고 하고, 이러한 문제의 사례로 00 사격지원대 현대화 사업을 들고 있다.

11 박영도 · 강현철 · 김명용 · 최환용, 「국방 · 군사시설 기본법」 제정 연구, 국방부 연구용역보고서, 한국법제연구원, 2007, 16-18면.

충돌하고, 군사부문의 초월적 위치가 부인되는 상황에서 군사시설 계획의 법정화는 이를 해결하는 방법이 될 것이다.[12]

군사시설 계획의 개선방안을 도출하기 위하여 외국의 관련 입법례를 우선 검토하고자 한다. 독일의 경우, 국방관련 사업의 승인은 주로 「연방건설법」 제37조제2항에 따라 실시되는데, 이 조항에 따른 국방목적(또는 공공경찰, 민간인 보호 목적) 시설의 설치는 상급행정청[13]의 승인만이 필요하고, 상급행정청의 승인 이전에 게마인데(Gemeinde)의 의견을 청취하여야 한다. 만일 상급 행정청이 승인을 거부하거나, 게마인데가 계획에 반대하는 경우에는 소관 연방부서는 관계 연방부서와 협의하고, 소관 상급 주 행정관청의 협조에 따라 결정한다.[14]

프랑스의 경우, 국방은 국가의 계획이고 지방자치단체는 국방에 대하여 아무런 권한이 없다고 하지만 군사기지는 필연적으로 어느 한 지역에 위치하여야 하며, 지역의 영토는 국토와 명확하게 구분이 되지 않기 때문에, 국가와 지방자치단체 간의 갈등이 벌어질 수밖에 없고, 이에 따라 국익과 지역 이익을 조정해야 할 필요가 있다고 한다.[15] 1976년 6월 22일의 시설부장관의 공문에 의하면, 도지사는 "어느 한 '토지점거[계획](plan d'occupation du sol : POS)'이 정해졌을 경우, 비록 이 [계획]의 범위에 군사시설이 전혀 포함되지 않았을지라도, 이를 즉시 지

12 최혁재 · 이환성 · 김영일, "국방 · 군사 시설사업의 현안과제", 의정논총 제3권 제2호, 한국의정연구회, 2008, 95면.

13 주행정청(Landesverwaltung)이나 관구행정청(Bezirksregierung)을 의미한다고 보인다(독일 정부조직은 배건이, 주요국 정부조직 관련 법제분석-독일, 현안분석, 한국법제연구원, 2017. 3. 1. 참조).

14 37 Abs. 2 BauGB.

15 Jean-Mirie Pontier(변역 : 남궁술), L'ORGANISATION DES CAMPS MILITAIRES EN FRANCE (프랑스 군사기지 조성에 관한 법제연구), 한국법제연구원, 2006, 78면.

역군 사령관에게 알려야 함"을 명시하여 군사시설 계획과 도시계획의 조화를 추구하였는데, 이는 해당지역에 관련되는 군사시설설치계획을 군에서 수립했을 가능성 때문이다.[16] 그밖에 지역군 사령관이 이러한 토지계획 · 개발 작업에 군대표자를 참석시켜야 한다고 판단한다면, '작업그룹'의 구성원이 될 군대표자를 미리 지명해야 한다.[17]

독일과 프랑스의 입법례를 살펴보면 군사시설 계획은 그 특수성으로 인하여 일반적인 계획절차를 거치는 것이 아니라, 지방자치단체에 대한 의견 청취만으로 시설 계획을 수립하도록 하고 있다. 또한 도시계획 수립시 군사시설 계획에 대한 확인 절차를 거치고, 군 관계자를 참여하게 하고 있다. 도시계획에서 군사시설의 특수성을 인정하고 있다는 것이다.

군사시설 계획에 관한 내용을 법률에 담는다고 할 때, 어떠한 내용이 포함되어야 하는지 문제 된다. 먼저 군사시설 계획을 군사시설 종합계획과 권역 및 지역계획(도종합계획 및 시 · 군종합계획과 비슷한 범위의 계획)으로 구별하는 것이 필요하다. 왜냐하면 국토계획과의 체계성과 유기적 조화를 위하여 유사한 성격의 계획으로 나눌 필요가 있기 때문이다. 국토종합계획과 군사시설 종합계획, 도종합계획과 군사시설 권역계획, 시 · 군종합계획은 군사시설 지역계획과 연계될 수 있도록 법제화하는 것이 필요하다. 이러한 군사시설 계획은 국토계획의 수립단계부터 유기적으로 조화될 수 있도록 하여야 할 것이다.

---

16 Jean-Mirie Pontier(번역 : 남궁술), L'ORGANISATION DES CAMPS MILITAIRES EN FRANCE (프랑스 군사기지 조성에 관한 법제연구), 한국법제연구원, 2006, 83면.

17 Jean-Mirie Pontier(번역 : 남궁술), L'ORGANISATION DES CAMPS MILITAIRES EN FRANCE (프랑스 군사기지 조성에 관한 법제연구), 한국법제연구원, 2006, 83면.

군사시설 종합계획에는 군사시설의 중장기 정책목표와 발전방향을 설정하는 것을 내용으로 하여야 할 것이다. 또한 국토계획 수립 시 관계 중앙행정기관의 장과 시 · 도지사가 협의하도록 하여 군사시설과 국토 · 도시계획의 체계성을 확보하여야 할 것이다. 군사시설 종합계획의 하위 계획으로 권역계획과 지역계획을 수립할 필요가 있다. 일부 견해는 권역계획과 지역계획 수립 시 국방상 기밀사항을 제외하고 국민과 관계 전문가의 의견을 들을 수 있는 공청회를 거치는 것을 고려할 필요가 있다고 하지만,[18] 해당 규정을 도입하였을 경우, 국방상 기밀사항인지 아닌지에 대한 다툼이 벌어질 수 있으며, 현재도 계획법상 우위에 있는 군사시설 계획이 지방자치단체의 도시계획에 상당한 영향 내지 간섭을 받는 점을 고려하였을 때, 공청회 등의 도입은 타당하지 않다고 본다.

군사시설 계획과 국토 · 도시계획의 체계성을 확보하는 방안으로 국토계획 · 군사시설 계획 연동제를 들 수 있다.[19] 이는 국토계획 · 환경계획 연동제와 유사하게, 국토교통부와 국방부 간 국토계획과 국방계획 수립 시 상호연계를 내용으로 하는 '국토 · 군사시설 계획 연동제' 체계를 구축함으로써, 종합계획으로서 '국토계획'과 '군사시설 계획'이 독립적으로 존재하되 상호보완적인 협력체계를 구축할 수 있도록 하는 것을 말한다. 이를 위해 국방부 연구용역보고서에서는 계획수립

18 박영도 · 강현철 · 김명용 · 최환용, 「국방 · 군사시설 기본법」 제정 연구, 국방부 연구용역보고서, 한국법제연구원, 2007, 84면 이하.

19 최주영 · 심교언 · 조경훈, 국방 · 군사시설계획과 국토 · 도시계획의 연계방안, 국방부 연구용역보고서, 대한국토 · 도시계획학회, 2015. 12., 150면. 이 연구보고서에서는 국토 · 국방 계획 연동제라고 표현하고 있다. 그런데 본 연구에서는 국방계획이 아닌 군사시설 계획으로 용어를 사용하고자 한다. 이는 국방계획보다 군사시설 계획이 보다 구체적이기 때문이다.

시 상호 간의 계획내용을 반영하도록 법령을 개정하는 방법과 국토계획과 군사시설 계획 간 연계의 실행가능성을 높이기 위해 국토계획과 군사시설 계획을 연계하는 것과 관련된 구체적인 사항을 공동 훈령으로 정하도록 하는 방법을 제안하고 있다.[20] 구체적으로 살펴보면, 계획 수립을 위한 기초자료를 공유하고, 공동협의체를 구성하는 내용으로 하며, 연계성 등에 대한 상충으로 갈등 발생시 이를 상호보완 · 조정할 수 있도록 계획 간의 연계가 불충분할 때 각 기관의 장은 보완을 요청하고, 계획수립자가 이를 반영하지 않을 시 국토정책위원회(위원장 : 국무총리)의 심의 · 조정을 받도록 하는 내용을 포함한다는 것이다.[21]

정리하면, 군사시설 계획의 법적 위상을 확보하도록 군사시설 계획에 대하여 법률로 규정하여야 하고, 이러한 군사시설 계획의 법정화와 더불어 군사시설 계획과 국토계획과의 연동제를 구축함으로서 국토계획 및 군사시설 계획 간의 체계성을 확보하도록 하여야 할 것이다.

법제의 개선 후 군사시설 계획 수립 시, 중요 군사시설과 군 주거 · 복지 · 체육시설 등을 조화롭게 배치하는 군사시설 도시(군사시설 타운)계획으로 수립하여 민간 도시지역과의 직접적인 접촉을 방지하고, 군사시설의 특수성을 유지하는 방법도 고려할 필요가 있다.[22] 군사시설 도시계획으로 향후 군사시설과 도시가 조화되는 지속가능한 발전이 기대된다고 할 것이다.[23]

---

20 최주영 · 심교언 · 조경훈, 국방 · 군사시설계획과 국토 · 도시계획의 연계방안, 국방부 연구용역보고서, 대한국토 · 도시계획학회, 2015. 12., 150면.

21 최주영 · 심교언 · 조경훈, 국방 · 군사시설계획과 국토 · 도시계획의 연계방안, 국방부 연구용역보고서, 대한국토 · 도시계획학회, 2015. 12., 150면.

22 김석봉 · 이필재 · 이병인, 미래 군사시설 발전방향에 관한 연구 - 여단급 부대를 중심으로, 대한건축학회 논문집(계획계) 제24권제12호, 대한건축학회, 2008, 87면.

23 이에 대한 논의는 Igor Linkov(ed), Sustainable Cities and Military Installations, Springer:

3. 군사시설 구역 도입

1970년 당시 건설부에 의하여 작성된 “수도권 인구의 과밀 집중 억제에 관한 기본 지침”에서는 수도권의 법적규제의 하나로 「도시계획법」상 개발제한구역과 「군사시설보호법」 제정이 언급되어 있다. 개발제한구역과 군사시설보호구역은 수도권이 확대되는 시기에 전자는 도시의 생활환경 확보, 후자는 군사시설의 보호를 위하여 제도적으로 마련된 것이다. 개발제한구역과 군사시설보호구역은 모두 토지이용규제이다.[24] 또한 ① 일정한 지역에 구역을 설정하고, ② 구역 내에서 행위를 제한하며, ③ 일부 행위에 대하여 허가를 해주는 유사한 체계로 구성되어 있다.

국토계획상 토지이용계획에서 군사시설과 관련된 구역은 「군사기지 및 군사시설 보호법」상의 군사기지 및 군사시설 보호구역, 비행안전 구역 등이 있다.

국방부 연구보고서에 따르면 국방개혁에 따라 군사시설 이전 사업 등이 활발하게 추진되어야 하는바, 군사시설이 입지한 지역에 대한 지방자치단체의 각종 토지이용 규제를 민간과 동일하게 적용하는 것은 군사시설 이전의 중요성에 비추어 볼 때 시급히 개선될 필요가 있다고 하면서 이러한 문제점을 해결하기 위하여 국방 · 군사시설 지구와 국방 · 군사시설 예정지구(국방 · 군사시설 사업의 실시계획 승인 시점에 국방 · 군사시

Dordrecht, 2012를 참조.

24 「토지이용규제 기본법」 제5조 및 별표에서 「군사기지 및 군사시설 보호법」의 각종 구역(군사기지 및 군사시설 보호구역, 비행안전 구역 등)을 토지의 이용 및 보전에 관한 제한을 하는 일단의 토지로 보고 있다.

설사업 예정 지구는 국방 · 군사시설지구로 변경)를 지정하고, 국방 · 군사시설지구 내 토지이용 관련 인허가 사항에 관하여 국방부장관에게 재량권을 부여하며, 지구지정시 관계부처 협의를 통하여 산지, 초지, 농지전용 및 개발제한구역 관리 계획 등 관련 사항을 일괄 처리하도록 하는 것을 제안하고 있다.[25] 그러나 최근 국방부 연구보고서는 국방 · 군사시설 입지 등이 노출되는 안보상 문제와 규제완화를 추진하는 국가정책 방향에도 어긋난다고 보아 지역 및 지구 신설은 어렵다고 판단하고 있다.[26]

생각건대 국방부 연구보고서에서 제안한 군사시설 지구는 현재 군사기지 및 군사시설 보호구역 제도의 개선을 통하여 도입하는 것을 고려해 볼 필요가 있다. 국방부 연구보고서는 군사시설의 계획, 설치, 운영에 있어 독자적인 구역이 필요하다는 것은 인정하고 있지만 지형도면의 고시를 통한 보안문제가 문제되어 추진하지 못한다는 것인데, 현재 군사기지 및 군사시설 보호구역은 「토지이용규제 기본법」 제8조에 따라 지형도면에 고시되고 있기 때문에 군사시설 입지 등이 노출되는 안보상 문제가 발생한다는 주장은 다시 생각해볼 필요가 있다. 또한 현재의 군사기지 및 군사시설 보호구역을 개선하는 방식으로 군사시설 구역을 정한다면 새로운 지역 및 지구의 지정에 해당하지 아니하기 때문에 문제가 없다고 할 것이다. 따라서 군사시설 지역 및 지구 내

25 오성훈 · 조상규 · 권영선, 군사시설 이전사업 효율화 방안 법제화 연구, 국방부 연구용역보고서, 건축도시공간연구소, 2010. 8., 106면; 최주영 · 심교언 · 조경훈, 국방 · 군사시설계획과 국토 · 도시계획의 연계방안, 국방부 연구용역보고서, 대한국토 · 도시계획학회, 2015. 12., 154-155면.

26 최주영 · 심교언 · 조경훈, 국방 · 군사시설계획과 국토 · 도시계획의 연계방안, 국방부 연구용역보고서, 대한국토 · 도시계획학회, 2015. 12., 156면.

지 구역의 도입과 관련하여, 새로운 지역 및 지구 내지 구역을 도입하는 것이 아니라 현재 유지되고 있는 군사기지 및 군사시설 보호구역을 개편하여 이용하는 방안을 검토하여, 추가적인 지역이나 지구의 신설 없이 군사시설 구역으로 변경하여 활용할 수 있다고 할 것이다.[27]

III. 군사시설 건설사업

1. 문제제기

첫째, 우선 군사시설 건설사업에서 긴급한 군사시설 건설에 대한 규정이 존재하지 아니하여 사드체계 배치 및 관련 시설 건설사업의 추진이 지연되는 문제가 있다. 군사적 필요성으로 긴급하게 군사시설이 건설되어야 할 때, 일부 절차가 생략될 수 있지만, 그에 대한 명확한 법적 근거가 마련되어야만 가능할 것이다. 현재 이러한 조항이 마련되어 있지 아니하고, 환경영향평가제도에서 일부만 인정될 뿐이다. 군사시설 건설사업 전체에서 긴급한 군사시설 건설에 대한 규정이 필요하다고 할 것이다.

둘째, 환경영향평가의 문제이다. 군사시설 사업 관련 법적 사례에서 중점적으로 다투어지는 부분은 절차에 관한 문제이다. 특히 환경영향평가와 관련된 쟁점이 빠지지 않고 다투어진다. 환경영향평가 대상 사

---

27 박영도 · 강현철 · 김명용 · 최환용, 「국방 · 군사시설 기본법」 제정 연구, 국방부 연구용역보고서, 한국법제연구원, 2007, 103-104면; 김재호 · 김권일, “군사기지 · 시설 보호와 관련된 법제의 개선방안-군사기지 · 보호 법제의 체계정당성을 중심으로-”, 공법연구 제40집 제1호, 2015, 534-535면.

업면적과 실시시기와 관련하여 법적인 분쟁이 발생하였다. 현재 일부 제도의 개선이 이루어졌다고 할 수 있지만, 근본적으로 군사시설 사업과 환경영향평가제도가 규정된 법률이 다르기 때문에 법률 간의 체계성의 문제가 발생하였을 경우, 해석 등에 대한 논란이 앞으로도 발생할 우려가 있다. 군사시설 사업과 환경영향평가제도의 체계성을 확보하는 방안을 찾아보아야 할 것이다.

마지막으로 군사시설 건설에서 지방자치단체와 주민의 참여 문제가 있다. 군사시설은 주변 환경에 영향을 미칠 수밖에 없고, 영향을 받는 당사자인 지방자치단체와 주민은 군사시설 건설에 대하여 관심을 가질 수밖에 없다. 그런데 군사시설 건설은 군사기밀과 국가사무라는 특수성으로 인하여 일반적인 시설의 건설과 동일하게 절차의 참여를 보장하기 어려울 수 있다. 주민참여의 한계와 이러한 한계에 따른 개선방안을 도출할 필요가 있다.

2. 긴급한 군사시설 건설사업 제도 마련

긴급한 군사시설 건설사업 문제의 개선방안 도출에 앞서 미국의 입법례를 검토하여 시사점을 찾아보고자 한다. 미국의 경우, 연방법에서 일반적인 국방건설사업 이외에 위기시 건설(Emergency construction)과 비상시 건설(Contingency construction), 불특정 소규모 건설(Unspecified minor construction)에 대하여 규정하고 있다. 위기시 건설은 ① 건설사업이 국가안보에 매우 중요하거나, 국민안전을 보장하거나 환경을 보전하는 경우 또는 ② 사업시행에 대한 요구가 긴급하여 다음 국방건설계획에 포함시키는 것이 국가안보, 국민안전의 보장, 환경보호의 측면에 비추어 보아 적합하지 아니할 때에는 국방부장관은 법에 의하여 권한이 부여되지 않은 경우에도, 법에 달리 규정하지 않는 한 국방건설사업을 시행할 수 있도록 하고 있다.[28] 비상시 건설은 비상시 건설사업을 위해 배정된 예산의 범위 내에서, 법에 다른 규정이 없는 한, 그리고 국방부장관이 동 사업의 실시연기가 국가이익과 국가안보에 반한다는 결정을 내릴 경우, 국방부장관은 동 사업을 시행할 수 있으며, 각 부(육군부 · 해군부 · 공군부)장관에게 동 사업의 실시권한을 위임할 수 있다는 것이다.[29] 불특정 소규모 건설은 국방부장관이 건설에 관한 재량을 갖도록 하는 것으로 보이며, 그 한계를 예산의 범위로 정하여 이를 넘지 않도록 규정하고 있다.[30]

미국은 위기 및 비상상황에서도 신속하게 군사시설 건설사업을 추진하도록 법률에서 미리 군사시설 건설 권한을 국방부장관에게 부여하고 있다. 이에 따라 국방부장관의 권한으로 군사시설 건설을 결정하여 추진하거나 실시권한을 위임할 수 있도록 하고 있다. 다른 시설과 달리 군사시설은 위기상황이나 비상상황에서도 건설을 추진해야하는 필요성이 있는데, 이를 미리 상정하고 규정을 마련한 것은 적절하다고 할 것이다.

이에 따라 우리나라의 경우에도 안보상황상 긴급하거나 위급한 상황에서의 군사시설 건설사업에 대한 규정을 마련하여야 할 것이다. 건설사업의 긴급성이나 위급성을 기준으로 분류하면 우선 ① 전시 · 사

28 10 U.S.C. § 2803. Emergency construction.

29 10 U.S.C. § 2804. Contingency construction.

30 10 U.S.C. § 2805. Unspecified minor construction.

변, 기타 이에 준하는 비상사태에서의 군사시설 건설사업,[31] ② ①의 상황은 아니지만 위급한 안보상황에서의 군사시설 건설사업, ③ 일반적 군사시설 건설사업, ④ 지원시설 건설사업으로 구분할 수 있다. 이러한 사업에 해당하는지 어떠한 요건에 따라 누가 결정하고, 어떠한 효과를 가지는지 명확하게 규정하여야 할 것이다.

전시 · 사변, 기타 이에 준하는 사태에서의 건설사업의 경우에는 해당 상황[32]에서 토지 등의 취득은 「징발법」 등에 의하여 수행될 것이고, 건설사업 절차는 다른 관계 규정에 적용을 받지 아니하는 특수한 건설사업으로 하는 것이 바람직하다고 본다.

위급한 안보상황에서의 사업은 해당 요건에 따라 국방부장관이 사업을 지정하고, 관계 행정기관의 장(국토교통부장관, 환경부장관 등으로 특정할 필요가 있다.)과의 협의만을 거치고, 환경영향평가를 생략할 수 있도록 하며, 인 · 허가 의제 내지 각종 절차를 간소화할 수 있도록 하여 절차상의 분쟁이나 모호성을 최소화하는 것이 바람직할 것이다.

일반적인 군사시설 설치사업은 현행 건설사업 절차와 비슷한 절차를 유지하고, 지원시설 설치의 경우에는 군사시설 절차에서 부여하는 특례는 최소화하여 군사시설이 아닌 일반 시설 절차에 따르는 것이 타당하다고 본다.

위급한 군사시설 건설사업에 대한 규정을 도입한다면, 사드체계 배치와 같이 긴급하게 군사시설 건설이 필요할 때, 이를 위급한 군사시

31 현재 휴전 상황은 전시, 사변, 기타 이에 준하는 비상사태로 해석될 수 있다. 이에 대한 검토는 향후 연구과제로 한다.

32 전시 · 사변, 기타 이에 준하는 사태는 헌법과도 밀접한 관련이 있으므로 이러한 사태의 확정에 대하여는 추가적인 연구가 필요할 것이다.

설 건설사업으로 지정하기만 한다면 환경영향평가 등의 절차를 거치지 아니하고 신속하게 건설을 추진할 수 있을 것이다. 다시 말해 명확하게 절차상의 예외가 규정되어 있고, 이를 적용한다면 법적인 갈등은 발생하지 아니할 것이다.

3. 군사시설 영향평가 제도

군사시설 건설을 둘러싼 법적 분쟁에서 가장 큰 쟁점은 환경영향평가제도와 관련된 것이다. 어느 사업이 환경영향평가를 거쳐야 하는 사업인지, 환경영향평가를 어느 절차에서 거쳐야 하는지가 문제되었고, 이에 따라 군사시설 사업의 위법성이 판단되었다.

환경영향평가제도와의 체계성을 잘 확보한다고 하더라도 군사시설 건설사업과 환경영향평가제도가 다른 법령에 규정되어 있고, 각각의 법령에서 추구하는 목적이나 취지가 다르기 때문에 사용하는 용어에도 차이가 발생한다. 결국 이러한 차이에 따라 해석 및 적용에 대한 문제가 계속 제기될 수밖에 없다.

이러한 문제점을 해결하기 위하여 평가시기, 평가내용 등의 중요한 절차에 관하여 군사시설 관련 법률에 규율하고, 특별법적 효력을 부여하는 것이 바람직하다고 본다.[33] 그리고 단순히 환경영향평가만을 하는 것이 아니라 재산권 제한 등 군사시설만의 특수한 영향평가도 이루어질 수 있도록 하여야 할 것이다. 그동안 군사시설의 건설로 인한 직

33 다만, 환경영향평가제도를 존중하여, 기술적이고 세부적인 내용에 대하여 「환경영향평가법」을 준용하도록 할 수 있을 것이다. 그렇지만 절차의 핵심적인 부분까지 준용한다면 현재 제도와 구별되지 않기 때문에 기술적인 부분에만 한정하여야 할 것이다.

접적인 환경상의 평가만 수행하였지, 군사시설 건설과 더불어 추진되는 군사기지 및 군사시설 보호구역 설정에 따른 재산권의 제한은 군사시설 건설과정에서 깊이 논의되지 못했기 때문이다. 이에 따라 새롭게 개선되는 제도는 환경영향평가가 아닌 '군사시설 영향평가' 라는 용어로 도입하는 것을 적극적으로 검토할 필요가 있다.

이 제도가 도입될 경우, 환경영향평가제도와 군사시설 건설사업 절차 간의 해석상의 문제나 체계상의 문제가 줄어들게 되어 군사시설 건설사업의 지연이나 중단의 문제가 발생하지 않게 될 것으로 기대된다. 또한 만약 다툼이 있다고 하더라도 단순히 환경영향평가를 거쳤는지, 의견수렴이 적절한지 여부와 같은 절차적 하자만을 검토하는 것이 아니라 실체적 하자의 문제인 군사시설 사업의 필요성과 주민 재산권 제한 등의 이익을 비교형량하는 것으로 다루어져서 군사시설 건설사업에 대한 분쟁시 충실한 사법심사가 될 것이다.

4. 지방자치단체와 주민참여 개선

(1) 주민참여의 한계

도창리 종합훈련장 사건, 제주해군기지 사건, 전주 35사단 이전 사건, 사드체계 배치 사건 등을 살펴보면 지역 주민 등의 강한 반대와 이에 따른 법적 분쟁으로 사업 추진의 어려움과 많은 사회적 비용이 발생하게 되었다.

주민참여 문제의 대안으로 주민참여절차나 갈등완화방안을 제시하고 있다.[34] 또한 일부 학계에서는 군사시설 건설사업에서 주민참여의 확대를 위하여 계획확정절차를 도입하자고 한다.[35] 그런데 계획확정절차를 마련하고 있는 독일의 경우, 다수의 환경 피해를 야기하는 사업은 주로 계획확정을 거치는 특별 절차에 따라 승인되고,[36] 이러한 계획확정절차가 전문계획의 핵심이지만, 특정 사업에 대한 모든 계획이 계획확정절차를 기반으로 하지는 않는다고 한다.[37] 특히 군사시설 계획

---

34 군사시설 외 일반적인 시설설치에 대한 갈등완화방안은 김재광, "사회갈등시설의 설치상의 문제점과 갈등완화방안", 공법연구 제38집 제3호, 한국공법학회, 2010 등을 참조.

35 정남철 · 정태용 · 강현호, "대규모공공사업 실시계획의 확정절차에 관한 최초시안", 토지보상법연구 제15집, 한국토지보상법학회, 2015, 235면.

36 독일 연방행정절차법상 계획확정절차의 적용대상과 그것을 원용하는 개별법 등은 다음과 같다.

분 야	대 상
도로교통분야 (Verkefrswege)	도로설치계획(§ 17 FStrG 및 각 주의 해당 법률 조항들) 철도 건설(§ 18 Abs. 1 AEG) 전철 및 지하철 건설(§ 28 Abs. 1 PBefG) 수로(Wasserstraβen) 건설(§ 12 Abs. 2 WaStrG) 공항 건설(§§ 8, 9 LuftVG) 자기부상철도 시설 건설(§ 1 Abs. 1 Magnetschwebebahn) 궤도운송기술 시험시설 설치(Transrapid) (§ 2 Abs. 1 SpurVerkErprG)
폐기물처리 기반구조 (Entsorgungsinfrastruktur) 분야	폐기물매립장(Abfalldeponien) 설치(§ 31 Abs. 2 KrW-/AbfG) 방사성폐기물처리장(atomare Endlage) 설치(§ 9b AtomG)
공급기반구조 (Versorgungsinfrastruktur) 분야(2001. 8. 이후)	고압선 시설(Hochspannungsleitungen) 설치(EnWG) 송유관(Rohrleitungen) 설치(§ 21 UVPG) 가스관(Gasleitungen) 설치(§ 21 UVPG)
기타	토지구획정리(Flurbereinigungen) 사업 계획(§ 41 FlurbG) 하천(Gewässer) 건설(§ 31 Abs. 2 WHG) 특정 채광계획(§ 51 Abs. 1 BBergG)

자료 : 홍준형, "행정절차법상 계획확정절차 도입의 필요성", 토지보상법연구 제14집, 한국토지보상법학회, 2014, 148-149면

37 Franziska Kastner, Milit rische Konversionsfl chen und Freifl chenanlagen, Nomos Verlagsgesellschaft: Baden-Baden, 2016, S. 85 f.; *Remo Klinger*, Die Milit rische Fachplanung, Nomos :Baden-Baden, 2002, S. 19 ff.

의 경우는 계획확정절차가 적용되지 않는다고 한다.[38] 계획확정절차의 원류라 할 수 있는 독일에서 조차 적용되지 아니한 계획확정절차가 우리 법제에 어떻게 적용될지 의문이다. 따라서 군사시설 건설사업에서 계획확정절차의 도입은 어렵다고 본다.

그렇다고 한다면 지방자치단체와 주민참여에 대한 어떠한 대안이 있을지 문제된다. 그런데 지방자치단체와 주민들의 모든 요구를 수용한다는 것은 현실적으로 불가능하다. 특히 군사시설의 경우, 일부 정보가 군사기밀로 분류되어 공개될 경우 국가의 이익에 중대한 해가 될 수 있으며, 기본적으로 군사시설 건설사업은 국가존립의 전제가 되는 국가고유의 사무[39]이기 때문에 지방자치단체나 주민의 개입도 제한될 수밖에 없을 것이다.

(2) 군사기밀로서의 한계

주민참여의 한계와 관련하여 우선 군사기밀에 대한 정보공개문제를 살펴본다. 사드체계 배치 관련하여 민주사회를 위한 변호사모임과 참여연대가 제기한 정보공개결정취소 사건에서, 법원은 "공개할 경우 북한 또는 제3국이 성주 스카이힐 골프장이 위치한 달마산 부지에 설치된 사드의 방어 범위와 능력, 배치 현황 등에 관한 정보를 구체적으로 지득하게 되고 이를 토대로 사드의 미사일 방어능력을 회피하거나 무력화할 수 있는 핵무기 또는 탄도미사일 등의 무기를 개발하게 될 우

38 Franziska Kastner, a.a.O., S. 85 f.

39 헌법재판소 2017. 12. 28. 선고 2017헌라2 결정;「지방자치법」 제11조제1항에서는 "외교, 국방, 사법(司法), 국세 등 국가의 존립에 필요한 사무"는 국가사무로 보아 기본적으로 지방자치단체가 처리할 수 없다고 본다.

려가 있고, 북한의 핵무기와 미사일이 국민과 국가의 안전보장에 중대한 위협이 되고 있음은 주지의 사실이므로, 위 각 보고서는 국가안전보장 및 국방에 관한 정보로서 공개될 경우 이에 관한 국가의 중대한 이익을 현저히 해칠 우려가 있음이 인정된다."라고 판단하였고, 더 나아가 사드체계 배치 문건은 이미 군사기밀로 지정되어 있기 때문에 그 공개가 제한된다고 보았다.[40] 또한 군사시설 보호구역 문제에서도 법원은 군사기밀의 이유로 정보의 공개를 제한하고 있다.[41]

실질적인 주민참여를 위하여 정보 공개에 적극적이어야 한다는 견해도 군사기밀까지는 제한하여야 한다고 보고 있는데,[42] 군사기밀인 군 작전계획 등을 바탕으로 하여 군사시설의 계획 및 배치가 이루어지고, 이에 따라 군사시설이 건설되는 현재 실정에서 군사시설 건설사업의 주요 내용은 군사기밀일 수밖에 없다. 그렇다고 한다면 주민참여가 실질적으로 이루어질 수 있을지 의문이라고 할 것이다.

주민참여 및 참여절차에서 주요한 것은 정보의 제공과 그에 따른 의견 수렴 등인데, 군사기밀로 인하여 정보 공개가 제한된다면, 주민참여

40 서울행정법원 2017. 11. 10. 선고 2016구합79267 판결.

41 군사시설보호구역에 대한 정보공개를 요구한 사안에서 법원은 "군사시설보호구역은 중요한 군사시설을 보호하고 군 작전의 원활한 수행을 위하여 설정되는 것으로 그 설정에 있어 작전계획을 중심으로 하는 전반적인 작전성 검토를 거치고, 해제에 있어서도 사전에 작전여건 및 작전계획의 변동 등을 토대로 엄격한 작전성 검토를 거치는 것이며, 해제시에는 해제지역 내의 군사시설 등에 대하여 기존시설의 이전, 폐기 또는 보안조치가 선행되어야 하므로 해제기밀이 공표되기 전에 누설되면 해제대상지역에 대한 군사상 필요성 감소 및 군 작전 계획의 변화 등이 사전에 알려지기 때문에 군사목적상 위해한 결과를 초래하고, 실무상으로도 군사시설보호구역의 선정, 해제작업은 합동참모본부 작전국 소속 극소수 관련자 및 각 군 작전계통의 극소수 관련자만이 대외비에 준하여 은밀하게 작업하고 있는 점을 들어 군사시설보호구역 해제계획이 군형법 제80조 소정의 기밀에 해당한다고 판단"하였다(대법원 1990. 8. 28. 선고 90도230 판결).

42 김혁중, "국가안전보장과 주민의 참여", 저스티스 통권 제134-3호, 한국법학원, 2013, 319면.

가 제한된다는 것을 뜻한다고 볼 수 있다. 또한 군사기밀 등으로 제한된 정보를 제공하고 주민참여 절차를 거친다면 주민과의 신뢰가 유지되기 어려울 수밖에 없어 실질적인 주민참여가 되기 어렵다고 할 것이다.

(3) 국가사무로서의 한계

국방은 국가사무임에 이론의 여지가 없다.[43] 이러한 국가사무의 수행에 대하여 원칙적으로 지방자치단체나 주민의 이해관계는 문제되지 않는다. 다만, 국가사무의 수행이 국민으로서 보장받게 되는 기본권의 제한과 관련되고 지방자치단체의 자치권에 영향을 미칠 때에는 민주주의의 근본이념에 따라 제한적인 참여가 인정될 수 있는 것이다. 도시계획은 지방자치단체의 권한이라고 볼 수 있지만 군사시설에 대한 계획은 그러하지 아니할 수 있음을 프랑스와 독일의 사례에서 살펴볼 수 있었다.

다만, 우리나라는 「군 공항 이전 사업의 경우 특별법」에 따라 군 공항 이전 사업의 중요 절차에서 지방자치단체의 참여를 보장하고 있는데,[44] 여기에서 국가(국방부)의 권한과 지방자치단체의 참여권에 대한 경계를 명확하게 구분하여야 할 것이다. 이 법률에 따라 군 공항 이전 사업에서도 지방자치단체의 일부 절차에 대한 참여권이 보장되고 있지만, 지방자치단체가 군 공항 이전 사업에 대한 결정을 하는 것은 아니라는 점이 그것이다.[45]

---

43 헌법재판소 2017. 12. 28. 선고 2017헌라2 결정.

44 「군 공항 이전 및 지원에 관한 특별법」 제4조에 따른 이전건의 등.

45 「군 공항 이전 및 지원에 관한 특별법」 제8조에 따른 이전부지의 선정 등.

(4) 지방자치단체와 주민에 대한 지원 및 협력으로 개선

군사시설 건설사업에 있어서 군사기밀의 공개 문제와 국가사무의 성격으로 인하여 지방자치단체와 주민의 참여는 일정한 한계가 있을 수밖에 없다. 그럼에도 불구하고, 군사시설 건설에서 지방자치단체와 주민 간의 협력은 필수불가결할 것이다. 현대전은 군인과 군인 간의 대결이 아닌 일반 국민도 동원되는 국가의 총력전이라 할 수 있다. 전쟁의 수행에서 국민의 협력 없이는 승리를 장담할 수 없는 것이다. 또한 전쟁 이전의 상태에서도 군사작전 준비, 훈련 등의 원활한 수행을 위하여 지역의 협력과 협조는 필수적이라고 할 수밖에 없다.

또한 국가는 국민이자 주민의 기본권 보호에 앞장서야 할 것은 당연할 것이고, 군사시설과 국민(주민)의 재산권 등의 기본권을 조화시킬 수 있는 방법은 결국 주민의 참여를 보장하는 것이라 할 수 있다.[46] 그러나 앞에서 살펴본 바와 같이 지방자치단체와 주민의 참여가 제한된다고 할 때, 협력의 관점에서 관계를 다시 살펴볼 필요가 있다.

참여가 아닌 협력의 관점이 필요한 추가적인 이유는 다음과 같다. 도창리 종합훈련장 사건, 제주해군기지 사건, 전주 35사단 이전 사건 등 일련의 군사시설 관련 법적 분쟁에서 가장 주요한 쟁점은 사업 절차의 하자 문제였다. 그런데 대다수 절차들에 있어서 위법하다고 인정받은 것은 법령에서 반드시 해야 할 것을 하지 아니하였을 경우 밖에 없다. 환경영향평가, 공청회, 의견 수렴, 협의 절차에서 내용이 조금 부실하거나, 의견 수렴 기간이 조금 짧다거나, 주민의 의견과 반대되는 결정에 대하여 법원은 하자로 보고 있지 아니한다.

---

46 김혁중, "국가안전보장과 주민의 참여", 저스티스 통권 제134-3호, 한국법학원, 2013, 276면.

의견제출, 청문, 공청회 등의 의견청취 제도 역시 중요한 주민참여 제도이지만, 사법심사의 기준과 주민들이 요구수준 등을 고려하였을 때, 참여 제도는 부족한 것도 사실이다. 따라서 의견제출, 청문, 공청회 등의 주민참여 법제의 개선도 중요하지만 지방자치단체와 주민에 대한 지원 및 협력 제도에 더욱 관심을 기울여야 할 것이다. 지원 및 협력 제도의 도입 등은 뒤의 군사시설 운영에서 살펴보기로 한다.

<표-15> 군사시설 건설 개선방안

구 분	현 행	개 선
법적근거	「국토기본법」 제8조	군사시설 계획 규정 마련(「국방 · 군사시설 사업에 관한 법률」 개정 또는 법 신규 제정)
종합계획	국방개혁 기본계획(국방 · 군사시설 재배치 계획) 군사시설 종합발전 계획 (국방부 내부계획)	군사시설 종합계획 신설 (「국방 · 군사시설 사업에 관한 법률」 개정 또는 법 신규 제정)
세부계획	군사시설 세부발전계획 (국방부 내부계획)	군사시설 권역계획 신설 군사시설 지역계획 신설 (「국방 · 군사시설 사업에 관한 법률」 개정 또는 법 신규 제정)
도시계획(지방자치단체)과의 관계	구체적 규정 없음 분쟁발생	군사시설-국토 · 도시계획 연동제 (「국방 · 군사시설 사업에 관한 법률」 개정 또는 법 신규 제정)
구 역	별도 규정 없음 (「군사기지 및 군사시설 보호법」상 보호구역 등)	군사시설 구역 신설 (「국방 · 군사시설 사업에 관한 법률」, 「군사기지 및 군사시설 보호법」 개정 또는 법 신규 제정)
긴급한 군사시설 건설사업	규정 없음 (환경영향평가 절차에서 간소화 규정은 있음)	비상사태 군사시설 건설사업, 긴급한 군사시설 건설사업, 일반적 군사시설 건설사업, 지원시설 건설사업으로 구분 (「국방 · 군사시설 사업에 관한 법률」 개정 또는 법 신규 제정)

환경영향 평가	환경영향평가제도 (「환경영향평가법」에 따름)	군사시설 영향평가 (「국방 · 군사시설 사업에 관한 법률」 개정 또는 법 신규 제정) ※ 기존 환경영향평가에서 군사시설은 대상에서 제외
주민등 참여	환경영향평가제도에서 참여	군사기밀, 국가사무로 제한적 참여 ※ 군사시설 주변 지원, 협력 제도를 통하여 보완

Ⅳ. 군사시설 운영

1. 문제제기

군 공항, 사격장 및 훈련장 등에서 발생하는 소음 등의 문제에 대한 손해배상 판결이 계속되고 있는 상황에서 2019년 군소음보상법이 제정된 것은 고무적이라 할 수 있다.

소음 문제 외에도 군사시설을 둘러싼 여러 가지 문제의 해결 방안으로 군사시설 주변지역의 사회적 · 경제적 피해에 대한 지원을 위하여 군사시설 주변지역을 지원하기 위한 법률안이 다수 제안되고 있지만,[47] 「군사기지 및 군사시설 보호법」과의 체계성에 대한 검토는 수반

47 제19대, 제20대 국회 군사시설 주변지역 지원 법률안 발의 현황

대표발의	발의일	법안명
정희수의원	2012.06.25.	군사기지 및 군사시설 보호구역 주변지역 지원 특별법안
김영우의원	2012.07.19.	군사시설 주변지역 지원에 관한 법률안
황진하의원	2014.10.15.	종전 군사시설 부지 개발 및 군사시설주변지역 지원에 관한 특별법안
박정의원	2016.09.08.	군사기지 · 군사시설 및 보호구역 주변지역의 보상 및 지원에 관한 특별법안

되고 있지 아니하여 중복된 구역 설정과 행위제한이 발생할 우려가 있다.

또한「군 공항 이전 및 지원에 관한 특별법」,「접경지역 지원 특별법」 등 개별 법률에서 군사시설 주변 지역에 대한 지원을 규정하고 있는데 이와 같은 지원 법률도 모든 군사시설이 아닌 일부에만 적용되는 것이므로 한계가 있다.

군사시설 주변지역 지원 관련 법률안들은 군소음보상법과 일부 중첩되는 경우도 있으나, 소음 피해 외에 군사시설 보호구역 등 지정에 따른 사회적 · 경제적 피해를 보전하기 위한 성격의 법안이므로 차이가 있다고 할 수 있다. 이 중 김영우 의원의 경우 제19대와 제20대 국회에서 각각 법안명은 다르지만 군사시설 주변지역 지원에 대한 법률을 발의하였다. 그 내용을 살펴보면 두 법안 모두 주변지역 지원과 함께 소음문제에 대한 대책도 포함하고 있다. 정희수 의원, 황진하 의원, 박정 의원의 법률안의 경우 다소 차이는 있지만 군사시설주변지역(군사시설 소재 읍 · 면 · 동 지역)을 지정하고, 해당 지역에 사업비를 지원하거나, 주민복지 편익시설 지원, 소득증대사업 지원, 환경개선사업 지원 등의 다양한 지원을 할 수 있도록 법적 근거를 마련하는 것이다.

군사시설 주변지역 지원에 대한 법률안은 대부분 기존「군사기지 및 군사시설 보호법」에서 규정한 보호구역 등과 연계하여 군사시설 주변지역을 지정하도록 하고 있어, 체계성의 측면에서 볼 때 타당한 입법 방법이라고 생각한다.

김영우의원	2016.10.28.	군사기지 · 군사시설 및 보호구역 주변지역의 보상 및 지원에 관한 특별법안

자료 : 국회 의안정보시스템, http://likms.assembly.go.kr/bill/, (최종방문일: 2018. 6. 5.)

다만, 제19대 국회에서 김영우 의원이 대표발의한 「군사시설 주변지역 지원에 관한 법률안」의 경우, 군사시설의 개념을 「군사기지 및 군사시설 보호법」상 군사시설의 개념이 아니라 새롭게 정의하고 있는데(법안 제2조제1호), 이러한 입법은 기존 법률과의 체계성의 측면에서 볼 때 타당하지 않다고 본다.[48]

그렇다면 어떻게 군사시설 주변 지역에 대한 지원 등을 추진해야하는지 검토가 필요하다.

2. 개선방안

(1) 군 소음 피해 대책 및 군사시설 주변지역 지원 법제 개선

군사시설 주변지역 지원에 대한 입법의 필요성은 인정된다. 그런데 단순히 군사시설 주변지역 지원에 대한 법률을 제정하는 것으로 문제가 해결되지는 않는다. 이미 제정된 「군 공항 이전 및 지원에 관한 특별법」 및 군소음보상법에 더하여 군사시설 주변지역 지원 법률 등 군사시설과 관련된 다양한 법률이 제정될 경우 각 법률 간의 체계성 문제, 중복 지원의 문제 등이 발생할 우려가 있기 때문이다. 여러 가지 지원에 관한 법률을 통합하여 제정한다고 하더라도 현재 군사시설 운영에 대한 주요 법률인 「군사기지 및 군사시설 보호법」과의 관계 문제도 고려하여야 할 것이다.

우선 우리나라와 마찬가지로 군사시설 주변지역에서 피해 등이 발

48 제19대 국회의 법안은 임기만료로 폐기되었고, 제20대 국회에서 김영우 의원이 대표발의한 「군사기지 · 군사시설 및 보호구역 주변지역의 보상 및 지원에 관한 특별법안」에서는 「군사기지 및 군사시설 보호법」에서 정의된 군사기지와 군사시설의 개념을 사용하고 있다.

생하고 있는 일본의 경우를 살펴본다. 자위대와 지역사회의 관계는 곧 방위시설과 지역사회의 관계라고도 할 수 있다. 특히 육상주둔지 및 훈련지에서의 사격이나 항공기지에서 항공기의 잦은 이착륙 등에 의한 소음 피해가 문제된다. 이러한 문제에 대응하기 위하여 「방위시설 주변의 생활환경의 정비 등에 관한 법률(防衛施設周辺の生活環境の整備等に關する法律)」이 제정되었는데, 이 법률은 자위대 등의 행위 또는 방위시설의 설치 또는 운용에 따라 피해를 입는 방위시설 주변지역의 생활환경 등의 정비에 대해서 필요한 조치를 강구함과 동시에, 자위대의 특정 행위로부터 생기는 손실을 보상함으로써 관계 주민의 생활 안정 및 복지 향상에 기여하는 것을 목적으로 한다.[49] 이 법률에서 정의하는 방위시설이란 자위대 시설과 주일 미군 시설 구역을 의미하고, 이는 용도에 따라서 연습장, 비행장, 항만, 병영 등으로 구분된다.[50]

방위시설은 자위대 등의 각종 활동의 거점이고, 그 기능이 효과적으로 발휘되기 위하여 그 주변 지역과의 조화 및 주변 주민의 이해와 협력이 필요하다.[51] 방위시설의 존재와 시설의 기능이 원활하게 발휘되도록 하는 필요성은 부정할 수 없지만, 방위시설 주변 주민의 생활환경이 항공기의 빈번한 이착륙 소음 등으로 위협받는 것도 부인할 수 없는 사실이고, 특히 항공기 소음 문제에 대하여, 비행장 주변 주민들의 야간 이착륙 금지 청구나 소음 피해에 대한 손해 배상 청구 등 여러 소송이 제기되었다.[52]

---

49 小針司, 防衛法概觀, 信山社出版, 2002, 138-139頁; 防衛施設周辺の生活環境の整備等に關する法(平成二十六年(2014年)法律第69号) 第1條.

50 防衛施設周辺の生活環境の整備等に關する法律(平成26年法律第69号) 第2條.

51 小針司, 前揭書, 139頁.

52 小針司, 前揭書, 139頁.

방위시설을 둘러싼 문제를 '소음 등의 원인', '방해 등의 모습'으로 구분하여 정리하면, 소음 등의 원인이 자위대 등의 행위인 경우와 피해의 원인이 방위시설의 설치 또는 운영인 경우로 크게 구별할 수 있다.[53]

첫째, 자위대 등의 기갑차량이나 기타 대형 차량의 잦은 사용, 빈번한 화약류 사용에 의한 피해 및 항공기 이착륙 등의 실시 등으로 만들어진 현저한 소음에 대한 피해가 있다. 「방위시설 주변의 생활환경의 정비 등에 관한 법률」은 이러한 장해를 방지하고, 관련 공사를 실시하도록 하고 있다.[54] 이러한 공사에서 농업용 시설, 임업용 시설, 어업용 시설, 도로, 하천, 해안, 방풍시설, 사방(砂防)시설, 기타 방재시설, 수도, 하수도, 학교, 병원, 조산소(助産所)등은 공사비를 보조받을 수 있다.

둘째, 자위대 등의 항공기 이착륙 등의 빈번한 실시 등으로 인하여 발생하는 소음장해에 관한 것이다. 여기에서는 피해의 정도에 따라 3가지 구역으로 구분하여 조치하고 있다. 먼저, 제1종구역은 소음장해가 현저하다고 인정하여 방위대신이 지정하는 방위시설의 주변지역(WECPNL 75이상의 구역)을 말하며, 이 구역에서는 주택의 방음 공사 조성을 행한다.[55] 제2종구역이란 제1종구역 중 항공기의 이착륙 등의 빈번한 실시 등으로 인하여 발생하는 소음장해가 특히 현저하다고 인정되어 방위대신이 지정하는 구역(WECPNL 90이상의 구역)을 의미한다. 이 구역에서는 현재 위치한 건물, 입목 기타 토지의 정착물의 소유자가 당해 건물등을 제2종구역 외의 구역으로 이전 또는 제거한 때에는 당해 건

---

53 小針司, 前掲書, 139頁 以下 參照.

54 防衛施設周辺の生活環境の整備等に關する法律(平成26年法律第69号) 第3條.

55 防衛施設周辺の生活環境の整備等に關する法律(平成26年法律第69号) 第4條.

축물의 소유자 및 당해 건물 등에 관한 소유권 이외의 권리를 가진 자에 대하여 정령[56]으로 정하는 바에 따라 예산의 범위 안에서 당해 이전 또는 처분에 의한 통상 발생하는 손실을 보상할 수 있도록 하고 있으며, 또한 이 구역 내의 토지 소유자가 토지의 매입을 신청하는 경우, 예산의 범위 안에서 당해 토지를 매입할 수 있고, 이전하는 자에 대하여 주택 등의 용도에 제공하는 토지의 도로 수도, 배수시설 등의 공공시설 정비를 위한 조치를 할 수 있다.[57] 제3종구역은 제2종구역 중에서 항공기 이착륙 등의 빈번한 실시로 인하여 생기는 소음장해가 새롭게 발생하는 것을 방지하고, 아울러 주변 생활환경 개선에 이바지할 필요가 있다고 방위대신이 지정하는 구역(WECPNL 95이상의 구역)을 말한다. 이 구역은 구역 내 소재하는 토지를 매수하여 녹지대 기타 완충지대로 정비되도록 하여야 하고, 매수한 토지 이외의 제3종구역의 토지에 대해서도 가능한 녹지대 기타 완충지대로 정비될 수 있도록 적절한 조치를 취하여야 한다.[58]

그리고 피해의 원인이 방위시설의 설치 또는 운영인 경우를 살펴보면, 방위시설 주변지역의 주민생활 또는 사업이 방위시설의 설치 또는 운영으로 저해된다고 인정되는 경우에는 지방자치단체가 그 장해의 완화를 위하여 생활환경시설 또는 사업 경영 안정에 기여하는 시설의

56 일본의 경우, 정령이라 함은 일본국헌법 제73조제6호에는 내각이 행하는 사무로서 "이 헌법 및 법률의 규정을 실시하기 위하여 정령을 제정하는 것"이라고 규정하고 있어 헌법과 법률규정을 실시(집행)하기 위한 행정입법으로 정령을 제정할 수 있도록 하고 있다. 우리헌법 제75조에서 규정한 "대통령은 법률에서 구체적으로 범위를 정하여 위임받은 사항과 법률을 집행하기 위하여 필요한 사항에 관하여 대통령령을 발할 수 있다."라고 규정한 것 중 위임명령은 해당하지 아니하고, 집행명령과 일본의 정령이 유사한 성격을 갖는다고 보여진다.

57 防衛施設周辺の生活環境の整備等に關する法律(平成26年法律第69号) 第5條.

58 防衛施設周辺の生活環境の整備等に關する法律(平成26年法律第69号) 第6條.

정비에 필요한 조치를 하고, 당해 지방자치단체에는 국가가 비용의 일부를 보조할 수 있도록 하고 있다.[59] 또한 방위시설(비행장, 연습장, 항만 등)의 주변지역에서 생활환경 또는 주변지역의 개발에 미치는 영향의 정도 및 범위 등을 고려하여 이 주변지역에 관할 지방자치단체에 대하여 교부금(방위시설주변정비조정교부금)을 교부하고 있다.[60] 이렇게 보면 자위대 등의 행위 또는 방위시설의 설치 또는 운영에 있어서 발생한 장해에 대한 대응은 장해의 방지, 피해 경감 공사의 조성, 주택의 방음공사의 조성, 건물 등의 이전 또는 제거에 따른 보상 등, 녹지대의 정비 등, 손실보상, 민정안정시설의 설치, 교부금(특정방위시설주변정비조정교부금)의 교부라는 것으로 요약할 수 있다.[61]

일본의 입법례를 참고하여 개선방안을 도출하면, 군 공항 소음 피해의 경우에는 소음영향도에 따라 구역을 지정하고, 해당 구역에 따른 대책을 실시하는 것을 고려할 필요가 있다. 그러나 단순히 일본의 입법례를 그대로 적용하는 것보다 우리나라의 실정에 맞게 도입하여야 할 것이다. 최근 제정된 군소음보상법에서는 소음영향도[62]를 등가소음도 방식인 '엘 · 디이엔(Lden)' 방식으로 규정하고 있다.

다만, 우리나라는 일본과 달리 「군사기지 및 군사시설 보호법」을 제정하여 비행안전보호구역 등을 지정하고 있는데, 여기에 새롭게 법률을 만들어 소음피해구역까지 중첩하여 지정된다면 법체계가 복잡해지

---

59 防衛施設周辺の生活環境の整備等に關する法律(平成26年法律第69号) 第8條.

60 防衛施設周辺の生活環境の整備等に關する法律(平成26年法律第69号) 第9條.

61 小針司, 前揭書, 142頁.

62 「소음 · 진동관리법 시행령」의 개정에 따라 항공기 소음 단위가 최고소음도 방식인 '웨클(WECPNL)'에서 등가소음도 방식인 '엘 · 디이엔(Lden)' 방식으로 변경될 예정(개정 2017. 9. 19., 시행 2023. 1. 1.)이므로, 이 점을 고려하여 등가소음도 방식인 '엘 · 디이엔(Lden)' 방식으로 규정한 것이 법체계상 타당하다고 본다.

고, 그에 따라 분쟁의 발생도 높아질 수 있지 않을까 우려된다.

적어도 새롭게 건설되는 군 공항과 관련하여, 「군사기지 및 군사시설 보호법」상 비행안전구역과 연계하여 소음대책지역을 지정할 수 있도록 하는 것이 타당하다고 본다.

군사시설 주변지역 지원과 관련하여, 「군 공항 이전 및 지원에 관한 특별법」에서는 군 공항 입지로 인한 불이익을 보전하기 위하여 이전주변지역 지원사업을 규정하여 해당 지역 지원사업을 추진하고, 국고보조금을 지원하며, 지원사업에 해당 지역 업체를 참가시키고, 지역 주민을 우선 고용할 수 있도록 하고 있다. 또한 「접경지역 지원 특별법」에 따라 접경지역에 대한 발전 및 지원사업도 이루어지고 있는데, 여기에서 규정하고 있는 지원을 보다 확대할 필요가 있다고 할 것이다. 앞으로 군사시설 주변 지역 주민을 군무원 등으로 적극적으로 채용한다든지,[63] 조달 및 구매에 있어 현재보다 더 큰 인센티브를 부여하는 적극적인 개선이 필요할 것이다. 그러나 결국 군사시설 주변지역에 대한 지원 법률을 마련할 필요가 있다. 이 경우 별도의 법률로 새롭게 마련할 수 있지만,[64] 「군사기지 및 군사시설 보호법」의 개정을 통하여 개선하거나 이 법률과 체계성을 갖추어 입법하는 것이 바람직하다고 본다.

(2) 지원 및 보상과 주민협력

환경법 영역에서는 협동의 원칙이 있다. 협동의 원칙은 "환경보전의

63 「군무원인사법」 제7조제2항제7호에서는 "도서 · 벽지 등 특수한 지역 · 환경을 고려하여 연고지 등 일정한 지역에 거주하는 사람을 그 지역에 있는 부대 또는 기관에 근무할 군무원으로 채용하는 경우"에 경력경쟁채용시험으로 채용할 수 있도록 하고 있는데, 이 규정을 적극 활용할 필요가 있다고 본다.

64 박정의원 등 20인, 「군사기지 및 군사시설 주변지역 지원에 관한 법률안」, 2016. 9. 8. 제안.

과제를 달성하기 위하여 국가, 지방자치단체 및 사회가 협동하여야 한다"는 원칙을 의미한다.[65] 이러한 협동의 원칙은 헌법 제35조제1항 후단의 "국가와 국민은 환경보전을 위하여 노력하여야 한다."라는 규정과 「환경정책기본법」의 여러 조항에서 도출할 수 있다.[66]

군사시설을 둘러싼 문제에서 국가와 국민의 관계는 환경법 영역에서의 협동의 관계보다 긴밀할 것이다. 왜냐하면 국가안전보장과 국방은 단순히 노력하라는 선언적 의미가 아닌 국민의 의무이기 때문이다. 헌법재판소에서 설시한 '군 작전 명령에 복종하고 협력하여야 할 의무'가 바로 그것이다.[67] 그런데 협력이라고 하는 것도 구체적으로 법령에 규정되어 있지 아니할 경우 자칫 공허한 개념으로 남을 수밖에 없을 것이다. 따라서 군사시설 운영을 둘러싼 군과 국민의 협력에 대한 구체적인 제도가 법령에 마련되어야 할 것이다. 군사시설 이전 등의 건설사업을 추진하는 경우, 「군 공항 이전 및 지원에 관한 특별법」이나 「접경지역 지원 특별법」과 같이 대규모의 지원사업도 필요할 것이다. 그러나 부대주변의 소규모 갈등은 부대단위 협력을 통하여 해결할 필요가 있다. 이러한 협력은 군과 지방자치단체, 시민단체, 지역 주민과 협약을 체결하고, 일정한 군사활동을 보장하는 한편, 영농지원이나 환경보전 사업에 동참하는 방법을 고려해볼 필요가 있다.

미국은 군사훈련 등에 대한 보장을 위하여 전투준비와 환경보호 통합 프로그램(REPI; Readiness and Environmental Protection Integration)을 운영하고

65 박균성 · 함태성, 환경법, 제7판, 박영사, 2015, 76면.

66 박균성 · 함태성, 환경법, 제7판, 박영사, 2015, 76면; 김홍균, 환경법, 제4판, 홍문사, 2017, 59-60면.

67 헌법재판소 1995. 12. 8. 선고 91헌마80 전원재판부 결정.

있다. 이 프로그램은 미연방법전 10편 2684a조의 근거에 따라 국방부, 민간 보호단체, 주 및 지방정부간의 완충 파트너십(buffer partnerships)을 이용하는 것이다.[68] 국방부장관실에서 주관하는 국방부의 전투준비와 환경보호 통합 프로그램은 군사훈련, 시험, 작전 등을 제한하거나 제한할 수 있도록 하는 침해를 해결하는 핵심 수단의 역할을 하고, 군사시설 주변에서 토지이용 갈등을 제거하거나 군의 활동을 억제하는 규제 등을 조정함으로써 군의 임무를 보호한다.[69] 예를 들면 군사시설 주변의 도시화에 대응하여 군사시설 주변 부지를 국방부, 농림관계 부서 또는 단체, 주정부 등이 협력하여 농경지로 유지하도록 하여 자연 서식지를 보전하는 한편 도시화 등으로 인한 군사 활동의 제한을 방지하는 것이다. 미국은 토지공동사용계획(JLUS; Joint Land Use Study)[70]이라는 제도를 두고 있는데, 이는 미연방법전 10편 2391조에 근거한다.[71] 토지공동사용계획은 군사시설의 훈련 및 운영과 함께 협력 가능한 부지개발을 위한 제도로 국방부 경제기획국(Office of Economic Adjustment)에 의하여 관리되는데 주로 사업에 참여한 주와 지방정부에게 기술적, 재정적 조언을 제공하고 있는데 가장 핵심은 재정적 지원에 있다.[72] 군사시설로

---

68 10 U.S.C. § 2684a. Agreements to limit encroachments and other constraints on military training, testing, and operations; Beth E. Lachman, Susan A. Resetar, Frank Camm, Military Installation Public-to-Public Partnerships, RAND Corporation, 2016, p. 65.; REPI, 2018 12th Report to Congress, 2018, p. 3.

69 REPI(Readiness and Environmental Protection Integration) 홈페이지, (http://www.repi.mil, 최종방문일 : 2018. 3. 10.).

70 토지공동사용계획 또는 토지공동이용연구로 번역.

71 10 U.S.C. § 2391. Military base reuse studies and community planning assistance.

72 강한구 · 강소영, "국가안전보장에 대한 국민의 참여 : 군사기지, 군사시설의 조성, 운영을 중심으로", 저스티스 통권 제134-3호, 한국법학원, 2013, 345면.; U.S. Department of Defense Office of Economic Adjustment, Joint Land Use Study Program Guidance Manual, 2006. 11.

인하여 토양과 주변지역에 대한 잠식이나 오염 등이 인지되었거나 이로 인하여 부대 기능을 정상적으로 수행할 수 없는 경우 국방부 경제기획국을 통하여 토지공동사용계획 프로그램을 위한 시설로 지정되고, 경제기획국은 시설에 대한 현장조사를 실시하여 지방정부와 협상을 진행한다.[73] 경제기획국은 군사시설로 인한 문제를 진단하고, 토지공동사용계획 등을 통해 활용 가능한 지방개발 제도를 분석하여 토지공동사용계획 프로그램을 실시한다.[74]

우리나라도 미국과 유사한 제도를 도입할 필요가 있다. 현재 군사시설 주변지역 법률안에서 규정하고 있는 여러 가지 지원 제도도 있지만, 지원의 종류와 내용이 법률에 일방적으로 규정되어 있다. 일방적인 지원 제도보다 군과 지방자치단체 또는 주민이 협약을 통하여 지원의 내용과 방법을 정할 수 있도록 하는 것을 고려할 필요가 있다. 주민과의 협력 제도는 우선 법률에 협약의 체결 근거를 마련하고, 협약의 반대급부는 법에서 허용하지 아니한 것들만을 규정하여(네거티브 규제), 협약의 자율성을 보장하는 방법으로 제도화될 필요가 있다. 중요한 것은 협약의 불이행에 따른 해결일 것인데, 우선적으로 협의회를 통하여 자치적으로 해결하거나 조정 등을 통하여 해결하는 것이 바람직할 것이다. 이러한 협약에 수반되는 예산은 최소한의 범위로 하되, 예산의 사정에 따라 지원하는 것이 타당할 것이다. 협력 제도의 시행을 예로 들면, 군사시설 보호구역으로 설정되었지만 군사시설이 설치되지 아

---

73 오성훈 · 조상규 · 권영선, 군사시설 이전사업 효율화 방안 법제화 연구, 국방부 연구용역보고서, 건축도시공간연구소, 2010. 8., 80면.

74 오성훈 · 조상규 · 권영선, 군사시설 이전사업 효율화 방안 법제화 연구, 국방부 연구용역보고서, 건축도시공간연구소, 2010. 8., 80면.

니한 국유지에 지역 주민이 영농행위를 할 수 있도록 하여 지역 주민의 입장에서는 경제적 이익을 얻을 수 있도록 하고, 군의 입장에서는 완충지역에서의 개발을 억제하여 군사 활동을 보전하여 상호 이익이 될 수 있도록 하는 것이다. 또한 군 활동의 보장을 조건으로 주민 고용, 환경 생태 연구 지원, 영농허용, 대민지원,[75] 군 복지시설 이용 등을 통하여 주민과 협력할 수 있을 것이다.

(3) 소결

군사시설 운영에 대하여 군사시설의 보호 및 경비, 소음 등 피해문제, 지원법제의 현황을 거쳐 그에 대한 문제점과 개선방안을 도출하였다.

우선 군사기지 및 군사시설 보호구역 제도는 군사시설의 보호와 군작전 활동의 보장 등의 목적과 수단으로 적합하고, 또한 보호구역 등 지정에 따른 구제절차가 보장되어 있는 점 등에서 커다란 문제는 없다고 할 것이다. 그렇다고 하더라도 개인의 재산권을 제한하는 것은 사실이며 이에 대한 주민의 요구도 많은 점을 고려할 때, 이상적으로 보호구역 내의 토지를 전부 수용하는 것이 바람직 할 것이다. 그러나 예산 및 재정의 제한으로 그럴 수 없다는 점을 고려하여 보호구역을 축소하는 것을 검토할 필요가 있다. 특히 최근 작전환경의 변화 등으로 보호구역 등의 지정 축소도 가능할 것으로 보이는바, 이를 개선하여 보호구역 등을 축소하거나, 현재 법률에서도 최대범위만을 규정해 놓고 있으므로 자발적인 보호구역 등의 축소 정책도 가능할 것이다. 더

75 군의 대민지원에 대하여 향후 법적 근거가 마련되어야 할 것이다. 독일의 경우, 기본법 제35조에서 재해나 사고 등에 따른 군의 지원에 대하여 규정하고 있다.

나아가 군사시설의 보호는 「군사기밀보호법」이나 시설 보호를 위한 경비 등의 규정을 통하여 목적을 달성하는 것이 바람직하다고 본다.

군사시설 운영에서 소음 피해 등의 문제를 해결하기 위하여 군소음보상법이 제정되었는데, 조속한 법 적용으로 피해 주민 등이 보상이나 지원을 받을 수 있도록 하여야 할 것이다. 그러나 향후 군소음보상법의 개정시 「군사기지 및 군사시설 보호법」과의 체계를 검토할 것이 요구된다. 군사시설 보호와 소음대책이라는 목적이 다르지만 여러 가지 구역이 지정됨에 따라 제한 규정 및 지원 규정도 복잡하게 되어 군사시설 운영이 복잡해지고, 해당 제도에 대한 국민의 추가적인 이해도 필요하기 때문이다.

따라서 향후 군소음보상법과 「군사기지 및 군사시설 보호법」, 더 나아가 군사시설 주변 지원 법률을 연계하여 행위제한에 따른 보상 및 지원이 가능하도록 함이 타당할 것이고, 앞서 언급한 「(가칭) 군 작전 등 활동에 관한 법률」의 형태로 이를 보완한 법률을 제정하는 것도 고려하여야 할 것이다.

군사시설은 주민과의 상호 유기적인 관계에서 운영되어야 할 것이다. 이러한 관계는 협력의 관계로 가능할 것인바, 이에 대한 입법적인 개선이 필요할 것이다. 주민과의 협력 제도는 우선 법률에 협약의 체결 근거를 마련하고, 협약의 반대급부는 법에서 허용하지 아니한 것을 제외하고 당사자들이 자유롭게 정할 수 있도록 규정하여(네거티브 규제), 협약의 자율성을 보장하는 방법으로 제도화될 필요가 있다. 중요한 것은 협약의 불이행에 따른 해결일 것인데, 우선적으로 협의회를 통하여 자치적으로 해결하거나 조정 등을 통하여 해결하는 것이 바람직할 것이다. 이러한 협약에 수반되는 예산은 최소한의 범위로 하되, 예산의 사정에 따라 지원하는 것이 타당할 것이다.

<표-16> 군사시설 운영 개선방안

구 분	현 행	개 선
보호구역 등	사유지에 보호구역 설정 일부 손실보상, 토지매수청구	보호구역 축소 및 완전 수용(현행법상 가능하나 필요에 따라 「군사기지 및 군사시설 보호법」 개정)
형사법적 보호	「군형법」, 「군사기밀보호법」	새로운 위협수단에 대한 보호는 「군사기밀보호법」으로 보완(「군사기밀보호법」 개정)
경비	초병의 무기사용, 육군 시설 보호(「군인의 지위 및 복무에 관한 기본법」, 「위수령」)	군사시설 경비 · 경호 규정 도입(「(가칭) 군 작전 등 활동에 관한 법률」)
군 소음 피해 대책 및 군사시설 주변지역 지원	「군용비행장 · 군사격장 소음 방지 및 피해 보상에 관한 법률」 「군용비행장 · 군사격장 소음 방지 및 피해 보상에 관한 법률」	군사시설에 의한 피해 예상 범위를 보호구역으로 지정(새로운 법률의 제정보다는 「군사기지 및 군사시설 보호법」 개정 또는 이 법률과 연계된 특별법 제정)
		군사시설 경비 · 경호 규정 도입(「(가칭) 군 작전 등 활동에 관한 법률」)
협력 제도	별도 규정 없음	군과 주민, 지방자치단체 간 협력의 법적 근거 마련(「군사기지 및 군사시설 보호법」 개정 또는 이 법률과 연계된 특별법 제정)

군사시설법軍事施設法

참고문헌

군사시설법軍事施設法

참고문헌

〈국내문헌〉

1. 단행본

권영성, 헌법학원론, 법문사, 2010.

김남진 · 김연태, 행정법 I , 제24판, 법문사, 2020.

김남철, 행정법강론, 제4판, 박영사, 2018.

김동희, 행정법 I , 박영사, 2018

김종보, 건설법의 이해, 개정판, 도서출판 피데스, 2013.

김철수, 헌법학신론, 제21전정신판, 박영사, 2013.

김학성, 헌법학원론, 전정2판, 피앤씨미디어, 2018.

김홍균, 환경법, 제4판, 홍문사, 2017.

박균성, 행정법론(상), 제19판, 박영사, 2020.

박균성, 행정법론(하), 제18판, 박영사, 2020.

박균성 · 함태성, 환경법, 제7판, 박영사, 2015.

성낙인, 헌법학, 제18판, 법문사, 2018.

신봉기, 국토계획법의 현안문제(II), 동방문화사, 2013.

이상철, 국방행정법원론, 도서출판 봉명, 2008.

이상철 · 김현주 · 김회동 · 김동혁, 군사법원론, 제3판, 박영사, 2018.

정종섭, 헌법학원론, 제11판, 박영사, 2016.

정하중, 행정법개론, 제12판, 법문사, 2018

한수웅, 헌법학, 제8판, 법문사, 2018.

허영, 한국헌법론, 전정14판, 박영사, 2018.

홍정선, 행정법원론(상), 제28판, 박영사, 2020.

홍정선, 행정법원론(하), 제28판, 박영사, 2020.

2. 논문

강한구, "국방군사시설사업의 효율적 추진방안", 2015-2019년 국가재정운용계획 : 국방분야 보고서, 한국개발연구원, 2015.

강한구 · 강소영, "국가안전보장에 대한 국민의 참여 : 군사기지, 군사시설의 조성, 운영을 중심으로", 저스티스 통권 제134-3호, 한국법학원, 2013.

강현호, "부동산 개발법제의 현황과 과제 - 독일 개발법제와 관련하여 -", 일감부동산법학 제12호, 건국대학교 법학연구소, 2016.

김대환, "헌법 제37조", 헌법주석서Ⅱ, 제2판, 법제처, 2010.

김동건, "주민투표의 의미와 법적 문제점", 지방자치법연구 제6권제1호, 한국지방자치법학회, 2006.

김석봉 · 이필재 · 이병인, 미래 군사시설 발전방향에 관한 연구 - 여단급 부대를 중심으로, 대한건축학회 논문집(계획계) 제24권제12호, 대한건축학회, 2008.

김영봉, "군사시설보호구역의 합리적 관리를 위한 제도개선 방안", 국토연구원, 2006.

김재광, "사회갈등시설의 설치상의 문제점과 갈등완화방안", 공법연구 제38집 제3호, 한국공법학회, 2010.

김재호, "행정계획론 소고", 법학연구 제18권제1호, 충남대학교 법학연구소, 2007.

김재호 · 김권일, "군사기지 · 시설 보호와 관련된 법제의 개선방안-군사기지 · 보호 법제의 체계정당성을 중심으로-", 공법연구 제40집 제1호, 2015.

김학선, "항공기소음소송에 관한 법적 고찰", 경희법학, 제46권 제4호, 2011.

김해룡, "손실보상의 사유로서의 재산권 내용규정에 관한 고찰", 토지공법연구 제72집, 한국토지공법학회, 2015.

김혁중, "국가안전보장과 주민의 참여", 저스티스 통권 제134-3호, 한국법학원, 2013.

박균성, “환경영향평가서의 제출시기, 협의요청시기 및 협의완료 시기 등”, 행정판례연구 XVIII-1, 박영사, 2013.

박영만, “군사상 필요에 의한 사인의 토지재산권에 대한 공용침해와 그 구제”, 경북대학교 박사학위논문, 2000.

박영만, “군사시설보호법상 ‘협의’ 절차와 항고소송”, 한국행정판례연구회 편, 행정판례연구 VI, 박영사, 2001.

박영만, “군사시설보호구역 설정행위의 법적 성격”, 한국행정판례연구회 편, 행정판례연구 IX, 박영사, 2004.

박영만, “군사시설보호법상 군사시설보호구역내의 피침해토지재산권에 대한 보상”, 토지보상법연구 제4집, 한국토지보상법연구회, 2004.

소성규, “군사기지 및 군사시설 보호법의 평가와 과제”, 법과 정책연구 제8권 제2호, 한국법정책학회, 2008.

심교언 · 이상경 · 조경훈 등 5인, “군 공항 이전사업 이해와 과제”, 도시정보 NO396, 대한국토 · 도시계획학회, 2015. 3.

윤수진, “군용 비행장 소음소송과 관련한 2010 대법원 판결에 대한 소고”, 환경법연구 제33권제1호, 한국환경법학회, 2011.

이원우, “군사시설 보호구역에 의한 재산권 제한과 피해구제방안”, 법학논총 제19집, 한양대학교 법학연구소, 2002.

이익선, “개정 군사시설 보호법의 재산권 보장에 관한 연구”, 국민대학교 법학연구소 학술논문대회 논문집, 국민대학교 법학연구소, 2007.

이준현, “군항공기 · 군용비행장 관련 소음소송의 법리에 대한 검토”, 홍익법학 제14권 제4호, 홍익대학교 법학연구소, 2013.

정남철 · 정태용 · 강현호, “대규모공공사업 실시계획의 확정절차에 관한 최초시안”, 토지보상법연구 제15집, 한국토지보상법학회, 2015.

조성제, “행정법상 협의제도에 관한 고찰 - 군사기지 및 군사시설보호법상 협의를 중심으로 -”, 강원법학 제40권, 강원대학교 비교법학연구소, 2013.

차경상, “군사기지 및 군사시설 보호법제에 관한 연구 : 개인의 재산권 보장 제도를 중심으로”, 한국군사학논집 제70집 2권, 육군사관학교, 2014.

채영근, “항공기소음 피해의 예방을 위한 공법적 방안 연구”, 공법연구 제35집제1호, 한국공법학회, 2006.

최혁재 · 이환성 · 김영일, “국방 · 군사 시설사업의 현안과제”, 의정논총 제3권 제2호,

한국의정연구회, 2008.
홍준형, “행정절차법상 계획확정절차 도입의 필요성”, 토지보상법연구 제14집, 한국토지보상법학회, 2014.

3. 연구보고서 및 정부자료

강문수 · 이순태 · 김남철 · 최철호 · 이병찬, 군 소음피해에 대한 보상법의 타당성 연구, 미래사회 협동연구총서 14-16-01, 경제인문사회연구회, 2014.
강현철 · 최환용 · 정명운 · 최봉석 · 최승필, 국방 · 군사시설 건설사업 관리에 관한 법률 제정방안 연구, 국방부 용역연구보고서, 한국법제연구원, 2008.
김영봉 · 이문원, 외국의 군사시설 관련 제도, 해외리포트, 국토 2001년 9월호 (통권239호), 2001. 9.
박영도 · 강현철 · 김명용 · 최환용,「국방 · 군사시설 기본법」 제정 연구, 국방부 연구용역보고서, 한국법제연구원, 2007.
배건이, 주요국 정부조직 관련 법제분석-독일, 현안분석, 한국법제연구원, 2017. 3. 1.
오성훈 · 조상규 · 권영선, 군사시설 이전사업 효율화 방안 법제화 연구, 국방부 연구용역보고서, 건축도시공간연구소, 2010. 8.
최주영 · 심교언 · 조경훈, 국방 · 군사시설계획과 국토 · 도시계획의 연계방안, 국방부 연구용역보고서, 대한국토 · 도시계획학회, 2015. 12.
최준규 · 강재구, 국방 · 군사시설에 대한 환경영향평가 개선 방향 - 군사훈련장 사업을 중심으로 -, 한국환경정책 · 평가연구원, 2006.

Jean-Mirie Pontier(번역 : 남궁술), L'ORGANISATION DES CAMPS MILITAIRES EN FRANCE (프랑스 군사기지 조성에 관한 법제연구), 한국법제연구원, 2006.

국민권익위원회, 2016 국민권익백서, 2017.
국민권익위원회, 2017 국민권익백서, 2018.
국방부 등, “군사시설 관리 · 이전 효율화방안”, 제18차 국가경쟁력강화위원회, 2009. 10.
국방부, 국방통계연보, 2017. 9.

| 감사의 글 |

본서를 집필하는데 많은 분들의 도움이 있었다. 먼저, 문자로 표현하기 어려운 부모님의 은혜와 아우의 도움에 깊이 감사를 전한다. 저자의 학문의 시작부터 지금까지 많은 가르침을 주신 충남대학교 김재호 교수님께 깊이 감사드린다. 또한 군사시설법 연구에 많은 도움을 주신 한국외국어대학교 김해룡 명예교수님, 충남대학교 국가안보융합학부 길병옥 교수님과 도중진 교수님, 한국법제연구원 최환용 부원장님께 감사드린다. 충남대학교에서 많은 것들을 배울 수 있게 해주신 심경수 교수님, 명재진 교수님, 류광해 교수님, 최인호 교수님, 서보국 교수님께서 감사드린다. 특히 연구방법론에 있어 큰 가르침을 주신 충남대학교 정주백 교수님께 감사드린다. 충남대학교 국방연구소에서 연구의 기회를 주신 설현주 교수님께 감사드린다. 마지막으로 충남대학교 손종학 교수님께서는 저자의 연구에 많은 지원을 해주셨다. 깊이 감사드린다.

대학 밖에서도 많은 분들이 도움을 주셨다. (사)한국토지공법학회 석종현 회장님, (사)한국부패방지법학회 신봉기 회장님(경북대학교 교수), (사)한국공법학회 이원우 회장님(서울대학교 교수), (사)한국지방계약학회 최철호 회장님(청주대학교 교수), (사)한국인공지능법학회 이상용 前회장님(건국대학교 교수)께 큰 은혜를 입었다.

마지막으로 연구서임에도 출간을 허락해주시고 좋은 책이 나올 수 있도록 노력을 아끼지 않으신 충남대학교출판문화원 백미현 원장님과 양광준 과장님, 김현순 선생님, 김보라 선생님께 깊은 감사의 말씀을 드린다.

2020. 12.